THE BEAUTY OF DIRTY SKIN

你的皮肤屏障90%可以靠营养修复

［美］惠特尼·鲍威◎著
王家宁◎译

北京科学技术出版社

本书资料仅供参考之用，不能替代医生的建议和护理，您应该在运用本书所述的方法前咨询医生。作者和出版方不承担任何可能因使用本书中包含的信息而产生不良影响的责任。

图书在版编目（CIP）数据

你的皮肤屏障90%可以靠营养修复 / (美) 惠特尼・鲍威 (Whitney Bowe) 著；王家宁译. — 北京：北京科学技术出版社，2022.7（2024.6重印）

书名原文：The Beauty of Dirty Skin

ISBN 978-7-5714-2023-9

Ⅰ. ①你… Ⅱ. ①惠… ②王… Ⅲ. ①皮肤－护理 Ⅳ. ①TS974.11

中国版本图书馆 CIP 数据核字（2021）第 281075 号

策划编辑：杨 迪		电 话：	0086-10-66135495（总编室）
责任编辑：白 林			0086-10-66113227（发行部）
责任校对：贾 荣		网 址：	www.bkydw.cn
图文制作：北京瀚威文化传播有限公司		印 刷：	河北鑫兆源印刷有限公司
责任印制：张 良		开 本：	710 mm × 1000 mm 1/16
出 版 人：曾庆宇		字 数：	176 千字
出版发行：北京科学技术出版社		印 张：	15.25
社 址：北京西直门南大街 16 号		版 次：	2022 年 7 月第 1 版
邮政编码：100035		印 次：	2024 年 6 月第 5 次印刷

ISBN 978-7-5714-2023-9

定 价：79.00 元

献给我生命中的挚爱：我的小天使麦克莱恩和我的好丈夫乔希。

麦克莱恩，

愿你继续由内而外散发光芒，

像照亮我的心一样照亮这个世界！

乔希，

你对我和我的梦想的支持、爱和信任，

使我成为最幸运的妻子，我永远爱你。

推荐序

干净，就一定好吗？

换一个视角看人体，每个人都是一个生物组，我们像是身上长满雨林、沼泽、湖泊、高山的巨人，在我们的眼、耳、鼻腔、腋窝、腹股沟，生活着各种各样的微生物，同样，在我们的口腔、胃、小肠、结肠、泌尿道，也有数以亿计的微生物繁衍生息，生生不息。其中，常驻于人体肠道的肠道菌群有大约一百万亿个，占人体全部微生物的 80%。

对于这些微生物来说，一方面，人体像是一个提供了生存环境的巨大星球；另一方面，“星球”的运转也有赖于微生物的生存状态。这些看似渺小甚至“微不足道”的微生物，通过维持菌群稳态，影响着人的生理活动，甚至参与 DNA 的表达。

本书揭示的，正是微生物与人体之间的关系，尤其是皮肤微生态对皮肤的影响。 套用一句话“你想吃的食物，其实是你肚子里的微生物想吃的”，这本书说的就是“你皮肤所喜欢的，正是你肚子里的微生物所喜欢的”。

这本书生动有趣，你将从中了解到：

• 著名的肠道－大脑－皮肤轴是怎么回事，即肠道菌群是如何对大脑、皮肤产生影响的；

• 从肠道－大脑－皮肤轴角度来看，为什么清洁过度会导致皮肤炎症的发生，引发红斑、干裂、丘疹、刺痛、瘙痒、灼热……；

• 据说痤疮患者常伴有肠胃问题，这是真的吗？

• 对皮肤健康真正有好处的是什么？如何在坚持原则的同时灵活调整，令人容易坚持下去？

总之，本书并不推崇一些效果微乎其微但描述神乎传神的美容方案，而是告诉你改善肤质的过程中真正重要、长期见效的东西；它也提供了一套健康生活＋健康护肤的综合方案，用系统的角度诠释问题和改善问题。

祝你阅读愉快，并且更懂得照顾自己的皮肤和身体。

皮肤科医生　董禹汐

2021 年 12 月于广州

目　录

第一部分
修复皮肤屏障的新科学

引 言

学会接纳身体中的“好虫”

小时候我经常把自己搞得全身脏兮兮的。我喜欢在地里挖东西，喜欢青蛙、草地和各种虫子。有一次去上幼儿园的时候，我甚至在背带裤里藏了一条蛇，结果被幼儿园老师发现了，场面一度失控。小时候我就这样顶着一头金发、睁着一双蓝眼睛到处无拘无束地乱跑，脸颊永远红扑扑的，新衣服也总是刚换上就弄脏了。但这都是在我生病前的事了。

后来，无拘无束的我在医院里度过了 10 年的时光。那里既阴冷又缺乏生机，我当时害怕极了。我很疼，一直承受着慢性病痛的折磨，医生和我的父母都束手无策。

医生偶然发现我的疼痛来源于我肠道里的一种寄生虫，是我们一家人出去度假时从我吃的鱼里进入我体内的，对我的身体造成了严重的损害。而更糟糕的是医生们无法找到寄生虫的位置，所以只能一遍遍地给我注射抗生素。最后，这些抗生素把我的肠道中的有益菌消灭了，只留下了一种名为“艰难梭菌”的传染性有害菌，这导致我的病情恶化。于是，坏事接二连三，各种有害菌就这样不停地损害着我的身体，也改变了我的生活。

虽然我在住院，但我也开始思考相关问题。即使我那时不过 10

岁，但已经能够提出问题，并通过推理、探索而试图理解一些事情的意义（也许这就是我应对灾难的方式吧）。我一直都深谙“福祸相依”这个道理，这是善与恶之间的古老平衡。所以，这也是人体中会同时存在有害菌和有益菌两种微生物的原因。这个思考过程是故事的开端，最终让我收获了幸福的结局。通过这一思考，我开始寻求一个答案，即如何创造并保持人体内或者皮肤上有益和有害的微生物之间的平衡。

从我出院那一刻起，我便下定决心要强身健体。我不仅在意那些明显的外在健康表征，如皮肤的光泽等，我还关注那些隐形的、表面看不出来的健康迹象。可能也是从那时开始，我便痴迷于这种由内而外、自外向内的健康和美丽，着迷于我们的皮肤上、肠道等体内的微生物，因为我曾亲身经历过它们之间的失衡带来的影响。所以，作为一个差点付出生命代价的人，我认为我是最适合深入研究这个领域的人。

我达成了我的目标，最终拥有了一个健康、强壮的身体。所以，现在我想帮助其他人也实现这一目标。现在我是一名医生，已经找到了许多问题的答案。得益于科学的发展，我们现在已经知道了人体内的微生物对人类健康的巨大作用，这些发现也让我对微生物学的好奇心愈发强烈。微生物学这一新学科明确指出，这些看不见的“虫子”对我们的身体有很大影响。我现在明白了，即使我看起来状态最好的时候，我的身上也有细菌、真菌、病毒，甚至螨虫在内的许多微生物，它们共同维护着我的健康，让我看上去光彩照人。我们的健康和外貌与这些“虫子”密不可分，所以，即使你状态极佳，你也是“脏”的（如果你状态不佳，那就继续看下去吧）。

因此，学会控制这些微生物会让你散发出健康而美丽的光彩。皮肤是呈现人体健康状况的窗口，它能够通过肠道－大脑－皮肤轴这一路径与身体的其他组成部分“对话”。本书将帮助你认识这一路径。这项极具开创性的科学研究已成为我毕生的工作，也帮助我赢得了业内专家的认可。我将带领你利用先进的科学来共同塑造属于你的光泽皮肤与健康体魄。你要学会像我一样接纳身体中的“好虫”，发挥身体的全部潜能。当年那个病床上的 10 岁小女孩也迎来了故事的美好结局！

好皮肤的秘密

花点时间来研究一下你的皮肤吧。如果可以的话，你可以找一面镜子，观察一下你的皮肤。它看上去如何？摸上去是否光滑？你对自己皮肤的感受如何？是否对它有别的期许？如果把你的皮肤看作整体健康状况的反映，你看上去有多健康呢？

我每次见到患者的时候，第一件事就是通过检查患者的皮肤、头发和指甲来判断患者的整体健康状况。比如，患者是否患有糖尿病或者处于糖尿病前期，患者的饮食是否为含有较多加工糖和精制碳水化合物的西式饮食，生活节奏是否过快，是否感到持续不断的压力等。甚至强迫症、甲状腺功能失调、激素系统失调、自身免疫性疾病、失眠等这些问题也都可以看出来。而且，能看出的问题远不止这些。通过这些外在的表征，还能看出患者是否频繁地口服或者外用抗生素，是否会用刺激性的洗面奶或者面刷洗脸而导致过度清洁，也能观察出患者的胃肠系统是否存在严重损伤等。

我的患者希望我能帮助他们重获光泽皮肤，但许多人一开始都会觉得我给出的不过是一个潦草的、随便乱写的处方，根本没有办法帮他们治疗四大皮肤病——痤疮[①]、玫瑰痤疮、湿疹和皮肤早衰。但在治疗这些皮肤病的过程中，药物、外用洗剂和激光并不是治本的方法。我的工作让我每天都有机会跟一些有养生意识的聪明人打交道，我知道他们也一直在尽自己所能维持美好的容颜和健康的体魄。但是很多时候，由于他们没有渠道了解科学文献中最新、最具突破性的研究成果，所以他们的努力经常会弄错方向。不过，好消息是我将在这本书中以我的专业知识和多年临床治疗经验为基础讲述这些知识。秘诀很简单——美丽、光滑的皮肤离不开良好的日常生活习惯，因为这决定了肠道、大脑、皮肤之间的相互关系，也是你光彩照人的最终奥秘。而更具体一点来说，其实就是人体中的“好虫”——益生菌与大脑、皮肤之间的相互关系。

谈及人体微生物组，许多人可能之前都听过，但是对它的认识并不全面。过去几年，学术界出现了许多关于微生物组的文章也提到了有益微生物对人体健康的作用，以及它们与人体之间互惠互利的关系。微生物组的英文叫作 microbiome，是 micro（意为超小或者微观）和 biome（即生物群系）的合成词，此处的生物群系指的是占据某片栖息地的生命体所自然形成的群系，而本书主要讨论和关注的就是人体中的这种生物群系。当我在读初中，刚开始学习微生物学时，还没有人知道微生物组的定义。现在，微生物学已经成为最热门的研究领

① 痤疮，也叫粉刺或青春痘，可由几种特殊的细菌引起。——译者注

域之一，我也很自豪能够从事这项研究。激动人心的探索之旅才刚刚开始，让我们共同了解和利用人类微生物组的力量吧！

由人类微生物组组成的微型生态系统包括各种各样的微生物，如细菌、真菌和病毒。其中，肠道中的细菌尤为重要，对我们的身体健康和生理机能都有很大影响，它们能影响身体运转中的许多过程。此外，我们身体的代谢效率和代谢速度，以及我们患糖尿病和肥胖症的概率等也受其影响。同时，肠道中的细菌还有许多潜在作用，包括对我们情绪的影响，甚至与是否患抑郁症、自身免疫性疾病和阿尔茨海默病具有一定关系。你可能在一些与健康相关的媒体里听过这些内容，但是你可能不知道“最后一公里”的概念，即大脑与皮肤之间存在的不可磨灭的、不可思议的联系。实际上，你的肠道的工作状态不仅决定着你的大脑的运作方式，以及它对身体当前状态和需求的响应，还决定着你的皮肤状态。肠道、大脑和皮肤之间的这种“联盟”，毫无疑问是意义深远而又令人惊叹的。皮肤可以“思考”并与大脑“交谈”，这种“交谈”是双向的。事实上，你的皮肤所包含的细胞数量是大脑的 16 倍。

你的皮肤也有小伙伴

如果将一个普通成年人的皮肤全部平铺，大约可以铺满一个约 2.04 平方米的房间。仅仅是你的皮肤里就有大约 1 000 种不同的细菌，它们的总数量甚至超过 1 万亿个。这些微生物与你的皮肤健康和皮肤状态都密切相关。在某些特定情况下，它们甚至还帮助皮肤实现了人体自身无法完成的重要功能。所以，如果你的皮肤生态系统失衡，那么便会出现各种皮肤问题。

其实，有关类似的结论，有学者在100年前就提出过，但是后来慢慢被人们遗忘了，直到最近才重回大家的视野。肠道－大脑－皮肤轴这一路径目前已成为最热门的研究领域之一。我也相信它会为皮肤学研究带来变革性的影响，为皮肤科医生提供研究皮肤问题的新方法，并取得新突破。可以预见，我们不再简单地找寻皮肤失调的解决方法，而是开始追踪产生皮肤问题的根源。我们能够标本兼治，并防患于未然。

在这一过程中，我也发挥了重要的作用。我花了数年时间证明自己的猜想，每天都在实验室里计算培养皿中的菌落数量，或者把自己“埋进”流行病学的数据库里。我喜欢研究细菌，并且探索它们对人体的好处和影响。当我选择把皮肤病学作为学习和研究的专业方向时，我就下决心要把微生物的神秘世界与皮肤联系起来。哪些细菌对皮肤健康有益？哪些细菌会损害皮肤健康？诸如此类。我甚至与别人合作发明了一种利用细菌提取物治疗痤疮的方法，并且这一治疗方法还由我的研究生导师戴维·马格利斯博士在美国宾夕法尼亚大学申请了专利。在解决痤疮这个问题上，我们现在已经能够利用有益细菌来对抗有害细菌了。另外，一直以来我也通过学术期刊和讲座将自己的研究成果分享给世界各地的同行们。2017年，我有幸获得了美国皮肤病学会的“主席奖”。

许多人都在默默忍受着皮肤病的折磨，因为他们无法得到有用的信息，也没有这样一本书能够帮助他们。在工作中，我每天能够接触的患者是有限的，而且其中许多人都是站在聚光灯下的名人，需要依靠外貌来赚钱。不过，我希望我的研究能够帮助更多人，能够让大部分普通人也拥有完美皮肤。因此，无论你从事什么行业、来自什么地方，我都希望你能够通过本书收获健康、美丽和希望。

人如其食：皮肤不会说谎

你可能会惊讶地发现，食物是本书讲解的核心。但是不要惊慌，我不会要求你做很过分的事，如果巧克力、酒精、面包或者咖啡能让你开心，那你可以继续享用下去，我不会让你完全放弃它们的。我保证，你会在第 6 章列出的饮食方案中有所启发，找到一些令你耳目一新的、诱人的、可行的饮食方案。

可能许多皮肤研究者都不认可这种说法，即饮食会首先决定皮肤的质量和状态。其实，食物为你的身体中所有的细胞提供能量。你吃的每样东西不仅成为你的体内细胞的组成部分，而且成为你身体外部结构的一部分。而且，毫无疑问的是，改变饮食结构就是改变你的微生物组，或者说是改变你身体内外健康状态的最直接方式了。虽然一直以来，大家在食物对人类的影响这个话题上争论不休，但是现代医学界为此增添了新的内涵，肯定了食物对于人体健康的作用，食物甚至可以说是影响个人健康，包括皮肤健康的最重要因素。

我在医学院读书的时候，及后来在皮肤科参加住院医生培训的时候，当时的老师都会告诉我们饮食对皮肤没有影响。许多权威的皮肤教材也会说只有严重营养不良才会导致皮肤问题，但这种营养不良的状况在当今社会极为罕见。教材、讲座以及美国皮肤病学会等权威机构告诉我们，当患者觉得自己的饮食影响了皮肤时，我们要把这种观点当成谣言来纠正。这种结论是基于那个时代那些被尊为巨人和天才的医生们分析和发表的研究成果而形成的，是当时的“科学教条”。

但是后来我发现，我自己的皮肤经历，包括我在患者身上观察到的情况，似乎与这个所谓的事实不相符。于是，我找到了我的导师，他恰好也是当时的系主任，我向他表达了我对这一观点的质疑。现在回想起来，我不敢相信自己作为一个几乎没有什么实际经验的年轻住院医生竟然敢质疑这些业界权威。但是，我的皮肤以及患者的经历给了我太多启发，我没有办法选择无视。

我的导师告诉我，如果我要质疑这些领域里备受尊敬的权威或者名家，我需要提出非常有说服力的论据来支持我的论点。于是，我便带着一丝叛逆的心理把自己“埋进”了科学文献中，深入挖掘，阅读了医学和营养学等各个领域的期刊，甚至把几个国际研究成果翻译成了英语。我仔细研读了 20 世纪 70 年代末发表的认为饮食对皮肤没有影响的几项研究文献，仔细地剖析了它们，发现了它们设计上的主要缺陷。事实上，如果按照今天期刊投稿的严格标准来审核，这些文章甚至都无法发表！

就这样，在经历了许多个漫长的日夜之后，我写了一篇颇具争议性的论文，主张饮食确实会影响皮肤。由于有了足够令人信服的证据，我还提出了一个观点，即摄入过多的糖和精制碳水化合物会促使痤疮的生成。我还提到一些乳制品会引发痤疮的案例，并且暗示了 ω-3 脂肪酸和膳食纤维的积极作用。最后，我的文章也有幸发表在了业内认可度最高的期刊上，从而开创了从饮食角度来了解皮肤健康的新时代。但是，我的使命并没有就此完成。我走上讲台，一遍又一遍地谈论这个话题，并且这些年也在不断发表最新的研究成果，进一步支持我的观点，而我的这一观点也很快变成了不争的事实。不过，就像好医生在面对有争议性的新数据时都会持怀疑态度一样，我的大多数同行一开始对我的观点也都持怀疑态度。但是随着时间的推移，他们也慢慢地开始接受我的观点。后来，又有其他学者进一步补充了研究文献，将自己对于饮食与皮肤的观察和研究与大家分享。相关的数据就这样越来越多、越来越深入，我们取得的成绩也愈发令人瞩目，大部分人都认可了我的观点。

后来，自20世纪70年代末都未曾修订过的教材和相关指南首次进行了修订，并将我的观点写入皮肤科的教材里。现在，如果患者对皮肤科医生说自己感觉某些食物让他的皮肤状况变糟了，那么医生不仅会承认他的判断的正确性，还能够提供一些有科学依据的建议，帮助患者调整自己的饮食习惯（少吃糖、牛奶和加工食品；多补充纤维、色彩丰富的蔬菜、油脂丰富的鱼类以及富含抗氧化剂的水果），从而改善皮肤状态。我很激动，因为不仅我的同行们开始接受这一观点，而且许多其他行业的人士和媒体也都认可并接受了这一新思想。

欢迎来到新时代

如今，包括抗生素在内的一些强效药在逐渐失去效力，各类皮肤病愈发猖獗，但所幸学术界新发现了微生物组对皮肤健康（甚至整体健康）的作用，从而使得皮肤学研究领域开始出现一场彻底变革。据统计，美国目前所有就诊患者中 42% 的人咨询的是皮肤问题。这一惊人数字的背后反映了一个事实——你所有的身体状况都毫无遮掩地反映在了你的皮肤上。除非你能够把自己裹起来或者关在屋子里，否则你的身体病症或失调都能被看出来。

许多年轻人从未长过青春痘，到了三四十岁的时候却发现自己下颌和脸开始泛红、敏感并出现肿块。类似的事我看到了太多。我们一直都只把痤疮视为青春期的一个“仪式”，不认为也不觉得它会是成年人需要应对的事情。但事实如何呢？一项惊人的数据显示，25 岁以上的女性中近 54% 的人有面部痤疮。另外，其他皮肤病的发病率也在上升，其中包括最严重、最可怕的皮肤癌。2017 年，梅奥医学中心（Mayo clinic）① 的一份报告震惊了医学界，报告指出，2000—2010 年鳞状细胞癌（也称为皮肤鳞状细胞癌）的确诊率增加了 263%，基底细胞癌的确诊率则增加了 145%。尤其是在防晒霜的使用率如此高的当下，这些数字简直令人难以置信。所以，仅说我们进入了一个皮肤学的新时代还远远不够，因为我们也开始踏上了新的治疗方案的探索之旅，下面我将详细谈到这个问题。

在美国，所有医生中皮肤科医生占比不足 1%，但是皮肤科医生开出的抗生素占到了所有科室开出的抗生素的 5%（甚至更多），因为一直以来抗生素都被视为是治疗多数皮肤病的万能药。但是现在，随着人们对于抗生素的耐药性越来越强，我们不得不寻找其他的治疗方案。皮肤科医生和皮肤学研究者目前都在为实现这个目标而共同努力着，试图推动变革。请注意，皮肤科医生不仅是问题的一部分，也要成为解决问题的一部分。如果说这场抗生素危机带给了我们一线希望，那就是它让我们开始了解肠道微生物和益生菌在皮肤治疗中的作用。顾名思义，益生菌指的是那些对身体有益的活菌株，人体可以通过一些食物、饮料或者补充剂来摄入益生菌。目前，科学界也有越来越多的新研究表明，益生菌能够帮助肠道微生物迁

---

① 梅奥医学中心由罗切斯特于 1863 年在美国明尼苏达州创立。它以不断创新的医学教育和世界领先的医学研究为基础建立起了全美规模最大、设备最先进的综合性医疗体系。——译者注

移，甚至可以帮助平衡体内的激素。在本书中，我们将探索这些与皮肤健康有关的机制。外用抗生素背后的科学原理在近年来也是一个新兴的研究方向。在本书中，我们将会一起探索皮肤的微生物组对皮肤健康和功能的巨大影响。

本书讲到的一些知识会给你带来意想不到的思想激荡。你要做好准备，摒弃一些你过去的日常习惯，建立一些你可能从未想过的新习惯。你喝牛奶和健怡可乐吗？你每天的体育锻炼流程是不是大致相同？或者说你是否根本没有活动或者休息的时间？你是否使用洗手液和抗菌肥皂，或者经常用磨砂或刷子、丝瓜络、搓澡巾等去角质用品来洗脸？现在，你可能要重新反思一下你的这些行为了。不过你也不需要太担心，我保证本书中的建议在大家的日常生活中是实用的，不会让你的日常护肤习惯有翻天覆地的变化。我自己也喜欢周日有太阳的时候在户外玩或者吃点烤薄饼。而且，我有时候也会换好运动服后没去运动，反而和孩子一起睡了一个回笼觉，然后再送她去上学。放心，我不会像你们之前遇到的一些皮肤科医生一样一直要求你们待在阴凉下。我希望我的患者和读者能活得精彩且活出自信，能够找寻到我们所追求的生活平衡，并且能够珍惜并把握住自己的健康，成就一番事业。

大多数皮肤科医生给出的诊断或者建议是不现实的。比如，他们会告诉有玫瑰痤疮的患者要避免典型的发病诱因，如运动、酒精、热饮料、辛辣食物、高温或者极低温等。但是，在我看来，让人们避免全部这些诱因简直就像让一个人放弃了生活中的全部乐趣（难怪那些患者很难遵守这些建议）。而且，建议患者不要运动显然也不现实，因为大家都知道运动对人体很有益处。一些东西确实会引发特定的皮肤问题，这一点毋庸置疑，但我的目标就是找寻那些切实可行的解决方案，同时不剥夺大家生活中的快乐。

我在给患者诊断时，不会要求他们为了自己的皮肤而放弃那些生活中有趣的事情，或者为了皮肤而以他们的整体健康和幸福为代价。我一直都在想办法控制这些皮肤问题，同时让患者可以充实地生活，享受每一刻。所以，我所传达的思想也关于自我赋权、自我完善以及如何将自己从不自信中解放出来。要想从生活中得到更多，最简单、最快捷的方法就是先爱自己的皮肤。

在本书中，我将改变大家以往对于皮肤和皮肤护理的认识。无论你是希望摆脱慢性皮肤病的困扰，还是想要改善皮肤外观，你都能找到简单可行的解决方法，并且可以立刻实施。既不需要做手术，也不需要开处方，并且只需短短 3 周就可以见效。当然，如果你已经在遵循其他皮肤科医生推荐的治疗方案，或者打算今天去看皮肤科医生的话也没有关系，你可以将我的方案与医生给你的正式方案结合使用。我的方案与其他的处方治疗完全兼容。我相信，很快你就会爱上身体中的那些“好虫”，并且见证你的变化。

此外，本书并不仅仅讲解关于皮肤的问题。书里讲述的生活方式也会提升你的整体健康水平，因为容光焕发的皮肤反映的是一个人的整体健康状况。你还会获得以下明显的好处：

- 减重
- 精神充沛
- 改善睡眠质量及减少失眠
- 减轻压力，更容易应对困难
- 缓解情绪化、焦虑和抑郁的状况

- 减少慢性便秘和腹胀等胃肠道疾病的发生
- 改善胰岛素抵抗方面的疾病和糖尿病等代谢紊乱问题
- 提高思维清晰度
- 增强免疫系统并减少过敏
- 拥有更年轻的容颜
- 还有更多好处等你发现

下面，我们将近距离地接触皮肤。在第一部分，我将解释为什么保持干净、有光泽的皮肤是一项内在工作——你的心理状态会影响你的皮肤状态，你涂抹在脸上的护肤品和化妆品也会影响你的皮肤状况。你可能会发现书里的一些护肤理念与传统观念是相悖的（准备扔掉一些美容产品吧）。在第二部分，我将向大家介绍一些实用的工具，从而帮助你更好地改善身体状况，拥有更好的皮肤。在第三部分，我会讲解为期 3 周的护肤行动计划，你可以将这些想法付诸实践。这会要求你在日常习惯方面进行一些可行的微小改变，包括调整早餐食谱和锻炼方式，改变自己缓解压力、补充维生素和益生菌、休息以及脸部护理的方法等。

做好准备，迎接一个容光焕发的自己吧。

1

第一部分

修复皮肤屏障的新科学

你看这本书是为了了解美丽皮肤背后的秘密，而我毕生所做的便是揭露这些秘密，并且在这本书中与你分享。但是，很多秘密其实并不像你所想的那么“新”。虽然如今的皮肤学还处在一个快速发展的阶段，但是由于我们对人类微生物组的作用已经有了一定的了解，所以有些信息我们在一个世纪前就已经知道了。不同的是现在我们终于知道如何利用它们来使我们的皮肤和身体获益。我们终于破解了肠道、大脑和皮肤之间的关系谜团。

在第一部分里，我们将共同回顾过去和目前的一些开创性研究，甚至预测未来的研究方向，帮助你更好地从中学习并受益。我将以简单易懂的方式分享这些“干货”，你可以一边看书一边在脑海中“做笔记”，并且对照着自己每天的生活进行思考。你会学到许多非常实用的知识，并且能在此基础上更好地实施我给出的护肤行动计划。读完本部分后，你会对你的身体系统与身体各个部分之间的相互联系有一个新的认识，对人体微生物组也会更加了解。现在，学术界已经发现人的皮肤会反映人的饮食状况、睡眠质量、压力水平、锻炼方式以及人体内的微生物组的健康状况。你很快就会体验到健康、光泽的皮肤带给你的力量远不止皮肤层面那么简单。当你感觉自己皮肤状态好时，你同时也就拥有了更多的自信、勇气和一种整体的幸福感。能够与你分享这些宝贵的知识，我也非常激动。知识不仅仅是力量，它也是让你收获外在美和内在美的途径。你的光芒即将闪耀。

第 1 章

好皮肤不只是面子工程
为何拥有干净、光泽的皮肤需由内而外

有的女人从一走进房间开始便吸引了所有人的注意。如果你见到过这样的人，你可能也有一种感觉，那就是她的身边有一种“引力”围绕着她，是一种难以言喻的因素成就了她的美丽。她的美丽已超越了外表的美貌，由内而外散发着健康、优雅、活力和自信。她那充满光泽的皮肤反映的正是这种整体的健康，以及她对生活的享受与专注。

你选择翻开本书是有原因的。你已经做出了选择——想要更好地照顾自己。本书中给出的护肤行动计划能够告诉你做什么可以帮助你获得光滑、干净、美丽的皮肤，从而使你成为最好的自己，让你能更加自信、外向、大胆，甚至更加成功。你的内心深处知道，一股隐藏的力量将助你获得漂亮的皮肤。这种直觉是对的。

作为一个帮助人们获得好皮肤的人，我是有经验优势的，不需要科学研究来告诉我一个人的外表所带来的满足感有多大的影响力。当你爱上自己的外貌时，一切皆有可能。但你可能不知道的是皮肤反映的是你的整体健康状况，想要获得好皮肤，很大程度上需要从身体内部开始调整。为了帮助你获得更健康的皮肤和身体，我想先从部分令

人担忧的数据开始，告诉你一些鲜为人知的事实。通过这些数据，你会发现自己在这条路上并不孤单。

患有皮肤病的人很多，如果你有皮肤问题，也不必大惊小怪。在美国，除了自身免疫性疾病和其他不是由细菌和病原体引起的慢性疾病外，有数以千万计的人患有慢性皮肤病。在过去的20年里，这一数量仍在飞速上升。有约6 000万美国人患有痤疮，其中也包含成年人（据估计，85%的美国人患有痤疮）。3 500万美国人患有湿疹，即特应性皮炎，它是一种导致皮肤发痒、发红、干燥和皲裂的慢性疾病。而银屑病作为另一种皮肤方面的慢性自身免疫性疾病，也影响着750万美国人。此外，目前至少有1 600万美国人患有玫瑰痤疮，这也是成年人中常见的皮肤病，其特征一般是面部潮红充血且血管扩张。皮肤科医生需要治疗3 000多种不同的皮肤病，如此巨大的数字令人生畏。大多数人可能一辈子都不会被诊断出患有什么罕见病症，但是他们在成年前就开始受到皮肤问题的困扰，如痤疮、皮疹、表皮灼伤或晒伤（1/5的美国人甚至会因为过度暴露于阳光下而患皮肤癌）。成年后就更不必说了，没有人能逃脱时间的“雕刻”，这种随着时间流逝而产生的衰老可能是缓慢的，也有可能是迅速的、过早的。你会发现自己不知何时出现了皱纹，并且惊讶于自己日渐衰老的状况。

作为一名皮肤科医生，我既要给同行讲课，又要给患者治疗，还要经常在媒体上谈论皮肤与外在衰老迹象相关的话题。我需要了解最新的皮肤病解决方案。现在是皮肤学研究的鼎盛时期，我们对皮肤的了解在不断加深，包括其特性以及它与身体其他部分之间的关系等。我可以通过观察一个人的皮肤状况来检测各种各样的疾病，而这也说明了人体最内部和最外部之间的相互联系。我发现许多因为一些局部皮肤问题来找我的患者同时也受到其他病症的困扰，如红斑狼疮、甲状腺疾病、癌症（尤其是肺癌）、先天性心脏病或先天心脏畸形、外周动脉疾病、慢性阻塞性肺病[①]、肝硬化（肝病）、贫血、酗酒、库欣综合征、艾迪生病、多囊卵巢综合征、糖尿病和淋巴瘤等。这说明，皮肤绝对不是独立的、不依附于其他部分而存在的“器官”，它的状况很大程度上是由阳光照射不到的身体内部系统所决定的。

这些年，从我的患者身上，我也学到了很多。他们的病症只是他们身体中很小的一部分。我投入全部精力与他们共同努力，帮助他们看上去更有活力，这也让我感觉更有力量。我的工作需要我们一起合作。

如今的科学技术已经可以让我们控制自己衰老的速度，你可以选择使用一些家庭护理方法结合平价药用产品，或者你也可以像在我这里问诊的知名艺人一样使用具有尖端技术的临床治疗方案，然后搭配各种烦琐的日常护肤方案。我每天都能亲眼看到我的患者身上的转变。他们中的很多人都患有非常顽固的皮肤病，但是通过这些人人都可以实施的方案，他们的情况都明显好转了。而我给他们的治疗方案也很简单：从内而外的治疗，处理身体内部的潜在隐患，从而使得外在皮肤容光焕发。

① 慢性阻塞性肺病也被称为肺气肿。——译者注

生活习惯对皮肤屏障的影响

每次我有机会跟詹妮弗见面，我都会非常期待。她是一个充满活力和吸引力的女人，性格也十分有趣，并且有着绝佳的时尚品味。她对美容和妆发的流行趋势有着敏锐的洞察力，并且热衷于追求潮流。每次我们见面的时候她都会跟我谈起最近看到的一些新潮的东西。我和詹妮弗共同奋战了6个月，以治疗她的玫瑰痤疮。通过一系列的激光治疗、饮食调整以及压力管理方案，她的皮肤状况得到明显改善，比我第一次为她面诊时好了许多。整个面诊过程我们都很开心，皆大欢喜！

但是，在后来的一次复诊时，我走进检查室之后发现她的玫瑰痤疮不仅复发了，而且还出现了严重的恶化，这让我非常吃惊和担心。我们开始想办法弄清楚复发的原因。

詹妮弗急切地向我保证说她完全遵循了我给她的饮食建议，不仅减少了精制碳水化合物的摄入，并且她现在还爱上了三文鱼。她说自己的生活也很好，压力水平处在可控的范围内。直到我问她最近的护肤习惯有没有改变，我才忽然有了思路。詹妮弗很喜欢尝试一些新潮的东西，而那阵子面部去角质产品很流行，所以她也开始每天用这些“超级温和”的去角质产品来“唤醒”皮肤，让皮肤更加“光滑”。当时实施我们的治疗方案后她的皮肤状态已经非常不错，所以她便想要通过这些产品让皮肤状态能够保持，并且看上去更健康。这些产品的宣传图上也都印着“超级温和”的字样，所以她便尝试了。但事实并非如她所愿。这些磨砂产品其实是弊大于利，它破坏了詹妮弗的表层皮肤，使得过敏原和刺激物能因此穿透皮肤而引发问题，最终她的皮肤屏障严重受损，所以才出现了严重的玫瑰痤疮复发。

小贴士

即使我的患者中有一些皮肤非常健康，我仍然建议他们每周最多使用两次较为温和的磨砂膏。我建议他们把去角质的日子记录在手机日历上，这样就可以准确无误地了解每次去角质的日期，避免过度去角质。我的患者很多都有过度去角质的问题，解决方法是很简单的，而且还可以省钱。

詹妮弗对于皮肤“清洁”的痴迷并非个例。这一点也不让我惊讶，因为周围人都痴迷于此，到处都是相关的推广“安利”。打开电视，你会看到许多广告在宣传漂白产品和其他化学产品，说它们如何能帮助你对房子进行深度清洁和消毒。此外，你可能也看到过一些除菌产品的广告，宣传称可以消灭手部细菌，并且除病毒率和除菌率能达到99.9%，从而“帮助保护你的家人”。正是由于大量此类的关于清洁和消毒信息的铺垫，所以当其用到皮肤护理时，我们也就自然而然地把“消毒”当作真理了。但是，皮肤越干净真的就越健康吗？大错特错！为了追求这种非常干净的感觉，我们发明了各种清洁用品，包括强力除菌香皂、含酒精的爽肤水、洗脸巾、搓澡巾、清洁棉以及身体刷等。但是，在大多数皮肤科医生看来，人们在护肤过程中最常犯的一个错误就是过度清洁。短期来看，过度清洁对皮肤的破坏还不算太大。但是长期过度清洁，尤其是如果使用过多的强力清洁产品，不仅会带走皮肤上的天然皮脂，还会消灭那些实际上对皮肤健康有益的细菌！

詹妮弗的皮肤在停止使用那些去角质的磨砂产品后开始逐渐恢复。除此之外，我还给她开了含有活性益生菌的口服药，以便从内而外地保养她的皮肤。危机解除了。不到一个月的时间，詹妮弗的皮肤如她的性格一样，再次充满了活力和光彩，我们又回到了正轨。詹妮弗的经历反映了无数女性的一个误区，那就是认为光洁的皮肤等同于“清洁”。所以，不要再费劲追求那种超级干净的感觉了，那只会让你的皮肤变得敏感，更容易出现紊乱问题。“脏”皮肤也有好处。

还有一个例子是凯茜。她是我认识的最健康、最健美的女性之一。她经营着自己的公司，平时发泄压力的方式就是锻炼——十分有效的方法，可以帮助她保持头脑清醒，集中精力，提高工作效率。我们经常会在健身课上相遇，把有氧运动和力量训练结合在了一起，是我俩最喜欢的课程。我很欣赏她的竞争精神和负责任的态度。

之前有一次，由于凯茜出差，所以我们几个月没有碰面，但是我注意到她在社交媒体上分享自己的旅行见闻的频率降低了。这对于凯茜来说很不寻常，因为她平时是一个喜欢跟家人和朋友分享自己的旅行经历的人，所以我有些担心，希望她一切都顺利。

凯茜一回来就预约了面诊，急忙跑来找我。原来她出差那段时间长了很严重的痤疮。她在青春期和成年后都没有长过痤疮，自然也没有处理经验，所以长“痘”之后她感觉自己的事业、个人状态都受到了很大的压力。她过于在意自己的外表，所以没继续在社交媒体上发帖，并且对工作也失去了信心。

见面之后我们首先谈论了皮肤护理，发现她的护理流程变化不大。然后我们又说到了她的饮食，这正是此次长“痘”的罪魁祸首。由于凯茜锻炼强度越来越高，为了更快地增肌并提高锻炼效果，她迷上了近来比较流行的乳清蛋白膳食补充剂产品，如蛋白奶昔、蛋白棒和蛋白零食等。

我的几个爱运动的患者都出现过这类由高乳清蛋白饮食导致的成年痤疮问题。最近的科学研究也证明了这种联系确实是存在的。但是此类由于乳清蛋白摄入过量而引起的痤疮治疗起来比较特殊，常规的口服和外用痤疮治疗药物对它不管用。由于凯茜并不想完全放弃食用乳清蛋白膳食补充剂，所以我便建议她尝试一些植物蛋白。她听从了我的建议，很快痤疮便开始消失了。我可以很骄傲地跟大家分享凯茜的现状，她现在已经很少需要预约检查了，我们更多是在健身课见面，而且她看起来比之前更加健康！第一眼看上去，詹妮弗和凯茜的皮肤问题似乎截然不同，丝毫不相关。但是，这两个例子都证明了同一个道理，那就是我们身体各部位之间的联系比我们所想象的紧密得多，有时皮肤问题不能仅依靠药物治疗，我们需要全面地看待、分析并解决身体的隐患。

当然，使用口服和外用的一些处方药在一些情况下还是非常有必要的，对于治疗某些特定的皮肤病非常有效，如在詹妮弗的案例里便发挥了很大的作用。但是，如果我的处方没有发挥出我期望的作用，我便知道我必须更深入地研究。这时我就会将目光放在患者的饮食、锻炼、护肤习惯以及日常生活方式上。此外，为了有效地解决这类问题，我们这里还需要介绍皮肤学界最伟大的发现之一，即肠道－大脑－皮肤轴。所有的皮肤病都绕不开这条轴线。无论你使用什么治疗方法，处理好这条轴线关系都会为你获得完美皮肤打下基础。

肠道－大脑－皮肤轴

我知道你想问什么：要做什么才能拥有百分之百回头率的无瑕皮肤呢？应该吃什么？有哪些禁忌？应当如何治疗你的皮肤？想要回答

这些问题，我们必须先搞清楚另一个问题，那就是现在大多数皮肤问题是由什么引起的。

答案是肠道 - 大脑 - 皮肤轴的虚弱或者功能障碍，就这么简单。你的肠道、大脑和皮肤之间有着非常密切的联系，这种深刻的联系常常表现在一些出人意料的方面。想象你的肠道和皮肤是链条上的两个环，那么大脑就负责将这两个环连在一起。如果这一链条上打结了，破坏了这个轴的各环之间微妙的相互平衡，你就会遭遇各种生理问题，如肠道问题和皮肤问题。相反，如果你从肠道开始，建立起各环间的平衡，你就会感受到从内而外的变化，并且能够看见自己的皮肤状况得到改善。

以你的肠道为起点

肠道状态在很大程度上决定了你的健康状况（以及你的外貌），这听上去可能难以置信，但它并非那么具有颠覆性，最新医学研究也逐渐接纳了这一观点。古罗马和古希腊的医生认为疾病通常始于结肠。早在 2 000 多年前，“西方医学之父”、希腊医生希波克拉底提出，死亡源于肠道，或者说“一切疾病都始于肠道”。他还称“消化不良是万恶之源”，尽管当时文明还非常原始，无法提供足够的理论或科学依据去支撑，但是他的这一观点仍然非常睿智。在我自己的从业生涯中，那些皮肤问题非常严重的患者也往往存在肠胃问题。

热身词汇

肠道和皮肤菌群：肠道和皮肤上自然生成的共生菌。共生关系是指两个不同物种（如细菌和人类）以如下三种方式中的一种共生：

一是两种物种都受益（互惠共生）；二是一个受益而另一个未受到损害（偏利共生）；三是一方受益，另一方受损（寄生）。

失调：体内或皮肤上的微生物失衡（如肠道失调、皮肤失调）。

微生物组：生活在特定环境中的微生物集合，如生活在身体的各个部位，肠道、皮肤、口腔、鼻子、生殖器或尿道等。微生物组广泛存在于整个自然界，从海底、森林到其他动物等都存在微生物组。

微生物区系：动植物体上共生的或有潜在危害的微生物生态群体，存在于所有多细胞生物的体内或者表面。

我们每个人都是“行走的生态系统”。你可能喜欢把自己看作一个独立的个体，但是如果考虑到在你身体中“居住”的那些生物，你会发现自己绝对不孤单。看到这儿你可能会有点感动（我希望是这样），你是数以万亿计的微生物的“家”。这其中大部分是细菌，它们“居住”在你的体内和皮肤上。这些微生物在你的生命早期就和你在一起了。目前，常见观点是一些微生物在我们还在母亲的子宫中时就开始与我们共生，但是在我们通过产道接触母亲阴道内的微生物后，我们才会与大多数的微生物建立联系。这些微生物就像雨点一样落在我们身上，所以我们的微生物组在我们出生时就开始大量繁殖。当然，这一过程在我们进入外部世界后仍在继续。此外，这可能也解释了通过阴道出生的婴儿和通过相对无菌的剖宫产出生的婴儿在长大以后的健康状况为什么会有所差异。新的科学研究表明，通过剖宫产出生的婴儿体内可能无法形成多样的微生物组，从而会在以后的生活中患上某些疾病的风险更高，主要是炎症或者免疫性疾病。

虽然我们的先辈开始了解这些微生物不过几百年时间，但是我们其实已经和它们一起进化了数百万年。研究者发现，在每个人的微生物组中都存在 200 万个独特的细菌基因，甚至让人体的 2.3 万个基因都相形见绌。我们可谓是一个“超有机体”，一个我们体内和皮肤上的活微生物集合。我们的生存离不开这些微生物，而我们想要变美则更是离不开它们。

各种细菌、真菌、寄生虫和病毒（包括活的和死的）把人体完全覆盖住，这画面似乎会让你感到不适。但好消息是对于健康且平衡的人体而言，友好生物体的数量是远超有害菌的，并且它们是我们生存的关键。保持良好的卫生并不意味着要消灭所有的细菌，相反，这一过程包括培养和保护有益的细菌和微生物。通过这种方式，你可以优化你身体内外的微生物组，更好地获得健康。当然，这不可避免地需要你偶尔变“脏”一点。

肠道中的微生物“居民”通常被统称为肠道菌群，它们的日常工作非常繁重，可以帮助你消化和吸收营养物质，如果没有它们，你就没法更有效地获得营养。另外，人体也十分需要重要的酶和其他物质，如维生素（特别是 B 族维生素）以及包括多巴胺和血清素在内的神经递质等。而很多物质是需要肠道菌群来制造并释放。以血清素为例，它是一种能让人产生愉悦情绪的激素。人体内大约 90% 的血清素并不是在大脑中产生的，而是在肠道菌群的作用下在消化道中产生的。肠道菌群能够影响你的激素水平，从而帮助你应对压力，甚至改善睡眠。此外，人体内的微生物也会参与新陈代谢。这意味着微生物一定程度上决定了你能否保持理想体重。肠道中的微生物能够通过新陈代谢的级联效应影响你的皮肤。

微生物对健康有很多促进作用，而其中最重要的一点是它能够促进、调节和维护你的免疫系统，这也与你的皮肤健康息息相关。肠道微生物不仅能够作为物理屏障抵御潜在的入侵者（如有害的病毒、寄生虫和细菌等），它们还共同承担着排毒的作用，可以中和许多通过饮食进入肠道的毒素。它们还能帮助免疫系统准确区分敌友，避免危险的过敏反应和自身免疫反应。一些研究人员甚至表示，目前西方人自身免疫性疾病发病率的快速增长可能也是由于人体与其微生物组的长期关系遭到了破坏。

肠道（包括肠道“居民”）可以说是人体免疫系统中最大的器官，肠道细菌可以控制免疫细胞，并帮助你的身体抵御炎症反应。肠道细菌甚至最终还会决定你患上各类慢性疾病的风险大小，如神经精神疾病、退化性脑失调、自身免疫性疾病、肥胖和糖尿病等新陈代谢疾病、癌症、皮肤病——痤疮、银屑病、湿疹等，甚至还有脱发（男女都有）。以上所有疾病的共同点在于它们都是由炎症引起的。炎症是一个很重要的概念，我会在本书中反复提到这点。炎症反应是人类生存的一种重要状态，因为它能帮助我们受伤的皮肤进行修复，对抗感染。但是，如果体内的炎症反应持续“启动”，那它就可能会成为发病的根本原因。

炎症的弊端

慢性炎症产生的危险是现代医学的一项重大发现。炎症是导致各种慢性疾病和皮肤病的先导因素。我们的情绪甚至也会受到身体炎症的影响。顺便提一句，情绪障碍和皮肤问题之间也有惊人的联系。

炎症具有两面性，有好的一面，也有坏的一面。好处在于炎症可以帮助你的伤口愈合或者从疾病中康复。作为身体的自然修复机制，它能够暂时增强免疫系统，以应对膝盖擦伤或者病毒性感冒等。但是它也有不利的一面。如果炎症反应一直“启动”，免疫系统长时间处于紧张状态，那么炎症产生的生物物质就不会消退，甚至会损害身体中的健康细胞。这类炎症具有系统性，血液循环使得炎症可以扩散到身体的各个部位，表现为一种缓慢的全身性的紊乱，通常不局限于某个特定区域。不过，幸运的是我们现在已经有能力通过血液测试来检测这种广泛存在的炎症。

我们的身体和体内的细菌存在一种共生关系。共生体是指另一种生物与宿主共生的有机体。绝大多数情况下，人类与微生物之间是互惠共生的关系。目前，全球有许多微生物组研究项目正在实施，能够帮助我们利用最先进的技术来更好地了解这些细菌共生体对我们生理机能的影响。科学家的任务不仅仅是记录各种微生物组的微生物图谱，他们还需要分析各类图谱所反映的身体状态。毫无疑问，这项事业具有里程碑式的重大意义。对医学界来说，这些项目加在一起甚至会比人类基因组计划更有意义、更具变革性。

人类微生物组研究项目目前已经记录了许多我们体内和皮肤上的微生物的功能。正如前文所说，肠道是免疫系统中最大的“器官”，这主要依靠的是肠道菌群的存在和作用，其次也是因为肠道相关淋巴组织（GALT）的存在，它包围着肠道，也常被视为肠道的一部分，人体至少 80% 的免疫系统是由其组成的。我们的免疫系统“总部”就位于肠道，因为肠壁是通往外界的生物大门，所以，除了皮肤之外，肠壁遇到外来物质和生物体的概率最高。GALT 会与我们体内的其他免疫系统细胞交流，如果肠道细胞遇到潜在的有害物质就会发出信号通知其他细胞。因此，我们的饮食习惯对于免疫健康和皮肤健康来说非常重要。由于我们的免疫系统以肠道为中心，所以从该角度来讲，食用对体内微生物有害的食物可能会带来麻烦。反之，多吃一些可以维护、支持并增强你的身体微生物的食物则好处多多，仿佛一份白金级的医疗保险。

皮肤也是人体中最重要的与免疫相关的“器官”之一，它也有一个平行系统——皮肤相关淋巴组织。我们的皮肤有数万亿的淋巴细胞，可以通过淋巴结与免疫系统的其他部分相互连接，并且也会与皮肤的微生物组合作。不过，我们经常会认为皮肤是一个相对稳定的表面，并且需要清洁，没有认识到它是一个需要培养和保护的复杂“器官”。我的许多患者没有好好照顾自己的皮肤和皮肤上的微生物组，所以皮肤健康受到了损害，长期如此甚至会对免疫系统带来负面影响。

皮肤问题关肠道什么事

科学家针对目前微生物组对人体健康的影响这一课题做了许多研究，其中一些研究成果非常具有启发性，它们揭示了微生物组对新陈代谢的影响。其实，目前已经有许多研究分析了肠道菌群对身材的影响，我们对肠道菌群的了解也大多来源于此。当你理解微生物和新陈代谢之间的联系后，你就会理解肠道健康和皮肤健康之间的关系了。实际上，现代科学研究表明，瘦人的肠道中充满了各种不同种类的细菌，里面微生物的分布就像一片茂密的森林；而肥胖人群的遗传多样性就小得多。而且，我的许多患者在皮肤修复之后体重也会意外地有所减轻，皆大欢喜。毕竟，谁会因为不小心减重成功而抱怨呢?

有学者曾对动物和人类群体的肠道细菌做过相关比较研究。其中，比较具有开创性的研究来自杰弗里·戈登和罗伯·奈特两位博士，他们有力地证明了微生物组与肥胖之间的密切关系。2013 年，他们做了一个著名的家族测试，在研究中，他们的团队对小老鼠的肠道菌群进行了改造，使其分别携带来自胖瘦不同的女性体内的微生物。科学家们随后又给这些身体状况改造后的老鼠等量的相同饮食。研究人员惊奇地发现，拥有来自肥胖女性的微生物菌落的老鼠比那些拥有来自苗条女性的微生物菌落的老鼠体重更重，而且胖老鼠的肠道微生物的多样性也少得多。在此实验之后还出现了大量的实验，证明人体在控制脂肪含量方面，一个人的微生物组的影响可能与饮食和基因对人类的影响一样大，甚至更大！当然了，对此我们还需要进行更多的研究，不过到目前为止，老鼠模型的研究结果应该引起我们足够的注意了。

以上这些案例主要是想说明超重或者肥胖并不一定只是简单的数学问题，不仅仅是摄入了过多的热量却没有被完全燃烧掉那么简单。最新研究表明，微生物组可能在我们身体的热量消耗方面起着重要作用，影响着热量的摄入和消耗。所以，如果你的肠道中含有多种微生物，而这些微生物又从食物中吸收了过多的热量，那么会发生什么？你从吃的食物中摄取的热量会比你需要的热量更多，从而导致脂肪堆积。这些微生物和你的皮肤之间的关系都可以归结为一个共同点——肠道的生态健康对人体存在影响，且这种影响包括从新陈代谢到皮肤健康的各个方面。

我虽然只是一名皮肤科医生，但是我希望我的作用不止于为我的患者治疗皮肤病。如果你有胰岛素抵抗或者糖尿病等代谢问题，那么你的肠道微生物对新陈代谢的影响意味着它会影响血糖平衡，导致代谢功能障碍发生的风险也会增加。目前，许多知名的医学期刊上也开始出现越来越多的研究肠道细菌的论文，它们正在探究不同的肠道细菌类型与胰岛素抵抗和 1 型糖尿病之间的关系。我也有一些证据，因为我的许多患者在遵循我给出的皮肤建议后，发现他们的代谢问题减少了，甚至有些人的问题消失了！这也是我工作中最激动人心的方面，它对我们非常有益。

正如我在书中反复强调的那样，当你调整好了你的肠道以后，许多病症也就快好了，你也会在镜子里清晰地看到自己的变化。下面我们还会提到你的肠道微生物组的健康不仅受饮食的影响，卫生因素（“脏”点也比灭菌好）、压力水平、运动情况、药物（特别是抗生素）都会对其产生影响。现在有一项惊人的研究显示了抗生素的使用与肥胖之间的关系，主要也是由于肠道微生物的变化引起的。美国华盛顿大学的戈登实验室和加利福尼亚大学圣迭戈分校的骑士实验室是这一领域的研究先驱，它们负责帮助人类揭开微生物组的奥秘，使我们能够更好地了解微生物组对我们的身体健康和外貌的影响。总之，你的肠道是决定身体健康和皮肤健康的重中之重。

你的皮肤有自己的想法

皮肤是你身体中面积最大的“器官”，在你的一生中，它作为你与世界的“接口”，一年365天都在昼夜不停地努力工作。即使当你躺在沙滩上晒着太阳度假时，它也不会休息或把自己的工作“外包”给其他器官。你可能会觉得皮肤这么忙碌，所以一定是其本身功能很强大，并且设计精妙。几乎可以肯定的是没有其他器官会像皮肤一样每天暴露在如此多样的潜在压力之下。太阳的紫外线和外界污染都会对皮肤造成损害，微观上看，它们如同导弹一般攻击我们的DNA、胶原蛋白，甚至皮肤细胞膜。皮肤还会暴露在过敏原、刺激物和有害病原体中，这些病原体也会不断试图进入体内。而且，空气污染对皮肤的损害比我们以前认为的要大得多。这种污染造成影响的过程虽然可能肉眼看不见，但是它可以穿透皮肤，产生皱纹和棕色斑点。所以，我们现在更需要修复皮肤屏障，把有害物质挡在外面。

很多时候皮肤会有自己的想法。事实上，皮肤、大脑和中枢神经系统之间的联系远比你想象的要紧密得多：当胎儿在母亲子宫里发育时，它们共享一个组织。当人还只是一个小小的胚胎细胞束时，由两层不同的细胞——外胚层（外层）和内胚层（内层）组成。外层，即外胚层细胞，是人体的神经系统以及某些感觉器官的组成部分，包括眼睛、耳朵、头发、指甲、牙齿、嘴巴、鼻子、肛管以及皮肤和上面的腺体。内层，即内胚层细胞，后期则逐渐变为消化道、呼吸道、膀胱和尿道。在这最初的两层细胞开始发育后，第三层中胚层（中间层）开始生长，从而形成其他的内部成分，如血液、淋巴组织、骨骼、肌肉、结缔组织以及其他腔体。

我们可能很难想象人类的整个神经系统，甚至包括大脑，都在我们身体的外面，这听上去很奇怪，甚至有点不合常理。但是，在我们生命的早期阶段，在胚胎没发育成形，没有明确可区分的身体部位时，事实确实如此。大脑那时还不是真正的大脑，它一开始还只是外层细胞，最终才向内折叠形成大脑。从本质上讲，这种折叠会将人类还在发育的皮肤层留在外面，它们可以说是具有不同功能和不同类型细胞组成的一对“双胞胎”。这种大脑和皮肤最初形成的关系是非常紧密的。

我在学习的早期曾经记录过许多很有趣的科学发现，其中一条就是说皮肤并不一定要依赖于身体的中枢应激反应系统。皮肤有应对压力的独立运转能力，无须得到大脑的“认可”或指令。而且，皮肤甚至建立了自己独立的、平行版本的下丘脑－垂体－肾上腺轴。皮肤的“姐妹”系统还可以生成类似皮质醇和内啡肽的同样具有“战斗或逃跑”信号的化学物质，当身体应对压力时，它们会产生并发挥作用。这意味着当环境因素、刺激性化妆品、错误的饮食，甚至某些药物等对我们的皮肤产生了刺激时，皮肤中的细胞就会迅速行动，并且引发对应反应，从而导致皮肤出现异常。

我们的肾脏上有一个特殊的器官叫作肾上腺。当我们的祖先遇到危险的狮子或者熊时，肾上腺会触发肾上腺素和另一种叫作皮质醇的应激激素的释放，使他们的身体进入“战斗或逃跑”的状态，这时他们会选择要么快速逃跑，要么攻击凶猛的野兽。而现在也是一样，当我们被叫到老板办公室或者感到不知所措时，这些激素就会涌入我们的系统。正是这同样的全身反应帮助我们肾上腺素激增，帮助我们度过高压力的阶段。皮质醇和肾上腺素还会让我们心跳加快，大脑运转更快，并且额头冒汗。

这些应激激素的分泌在一些情况下是件好事，它可以帮助你更好地应对严重的威胁，或者更好地准备比赛或考试。在你遭受严重感染或者正在接受大手术时，它也扮演着重要的角色。但是，这些激素如果长时间低水平地释放，实际会对你的整体健康和皮肤健康造成严重损害。

如你所见，皮肤是功能惊人的“器官”，即使是跟它的“双胞胎”伙伴——大脑比起来也毫不逊色。皮肤能够独立激发免疫反应，并且产生一些我们曾经认为只属于大脑和神经系统的相同物质，这一点就非常了不起。但是，这种神奇的能力也有它的缺点，因为这些由皮肤主导的反应有时结果会不尽如人意，出现如痤疮、玫瑰痤疮、银屑病和其他令人不悦的皮肤状况。皮肤是你抵御危险重重的外部世界的第一道防线，帮助你抵挡压力、伤害和疾病。所以，我们有必要像爱护其他重要器官一样爱护我们的皮肤。

皮肤和神经系统之间共享的“语言”还是一个较新的研究领域，科学家们也是刚刚开始进行研究。对这一复杂“语言”的解码是皮肤研究中最热门的方向之一，与对皮肤生态生物组[①]映射的研究热度不相上下。正如我前文所说，在任何时候，你的皮肤上都生活着数万亿个生物体，包括数千种细菌、病毒、真菌和螨虫。这其中大多数的微生物都有助于维护皮肤的功能和健康，尽管在某些情况下这种平衡会被打破，继而引发皮肤状态恶化。

---

① 指生活在皮肤上的细菌、酵母和寄生虫的混合物。

微生物“军团”的力量

由于耐抗生素菌株的出现，我们即将进入“后抗生素”时代。这一趋势使我们看待皮肤的方式出现了范式转移，并且迅速改变了我所在的工作领域，甚至整个护肤行业。我们一直都着迷于使用各种抗生素（外用和口服）、抗菌剂和除菌肥皂来消灭有害细菌，但我们也因此付出了高昂的代价。现在，一些感染虽然会威胁生命，但是很容易使用抗生素治疗。由于过度使用这些药物，我们的身体已经逐渐出现了抗药性，这意味着我们的后代可能根本无法使用这些药物来治疗这些疾病。而这些疾病对于我们的孩子很有可能变成无法治疗的绝症，试想一下那时我们会有多么绝望。

一些研究表明，有 50% 的患者正在使用对他们无用的抗生素或者滥用抗生素。当医生开错抗生素，抑或给了患者不必要的抗生素，或者患者使用抗生素方式不正确[①]时，有害细菌就可能会发生变异，从而不再受抗生素影响。它们会对抗生素产生“免疫”，或者“抵抗”，而我们也会因此对这些药物失去反应。这些对抗生素免疫的有害细菌菌株则具有潜在的危险，因为我们的“武器库”里不再有药物能够有效对抗这些变异细菌，更无法阻止它们对我们身体造成伤害，导致皮肤状态异常，甚至全身感染。我自己也无数次地看到过那些使用抗生素治疗痤疮的患者，却发现这些抗生素慢慢地不再

---

① 比如，没有按规定的时间服用抗生素，或者断断续续地用药，而不是连续用药，这在我的研究领域里经常发生。

起作用了。在经过长期用药之后痤疮产生了耐药的细菌菌株，曾经非常有效的抗生素失去了效力，所以这些细菌面对抗生素的反应出现了变化。想要根除这些耐药菌株是很难的，甚至几乎不可能做到，它们永远不会消失，使痤疮和许多其他疾病越来越难以治疗。

这种对许多药物都已具有耐药性的微生物无处不在。更糟糕的是尽管许多顶级的制药公司和研究人员在21世纪头20年里做了无数努力，但至今也未能研发出新的抗生素。眼前的形势迫使我们进行彻底转变，而好消息是我们也确实有了思路，我们已经开始学习如何培养和利用体内的有益菌，而不再单纯把焦点放在如何消灭有害菌上。许多大型护肤品公司也逐渐意识到它们需要测试它们的洗面奶、面霜、乳液，甚至除臭剂等产品对微生物组的影响，是否有某些成分可以促进有益菌生长，以及是否有某些成分会影响微生物环境并引发炎症。这些都是目前护肤产品的研发者正在探讨的问题。

我们通过加强体内“微生物战士”的战斗能力，赋予它们更多的力量，让它们帮助我们对抗那些会让我们患皮肤病或者其他病症的“敌人”。未来，随着科学家对人体微生物的进一步了解，我们将看到越来越多的益生菌和益生元产品进入市场，帮助我们培养身体内、外部的微生物组。益生菌是指具有活性的、对人类友好的一类微生物，而益生元则是一种如同肥料一样的成分，能促进有益微生物的生长。简单来说，益生菌包含了有益细菌，而益生元则是有益细菌喜欢吃的东西，有助于这些有益细菌的生存和繁殖。包含这两类物质的产品不仅可以滋养我们肠道中的有益细菌，还可以滋养皮肤上的有益细菌，促进皮肤的健康和功能的提升。但是，我意识到现在一些医生对于益生菌并不怎么重视，他们甚至怀疑口服益生菌是否真的能起作用。我之前提出了一些对这些同行的反对意见。我相信，我们正处在一个振奋人心的医学研究新阶段，对于益生菌的研究更是达到繁盛阶段。在与益生菌相关的科学中，我所在的领域所展现出的力量是惊人的。我们现在可能还无法用益生菌简单快速地治疗肥胖等疾病，但是大量证据表明，我们很快就会有基于益生菌的解决皮肤问题的新方案。

有关含有特定细菌菌株的外用益生菌如何对皮肤有益这个话题，我们的理解也在逐步加深，这进一步促进了皮肤学的发展。我们逐渐摒弃了“所有细菌都是有害的”这一陈旧观念，并且开始意识到某些细菌可以分泌天然抗生素，改善水合作用，它们不会破坏胶原蛋白，反而会促进胶原蛋白的生成，并且能产生其他抗炎、舒缓和镇静的物质。许多美容公司都在斥巨资进行相关的研究，以确定不同菌株对应可以解决的皮肤问题，同时研究哪些菌株可以改善人的整体相貌和皮肤状态。我将指导你找到适合的益生菌皮肤护理产品，并且给你提供一些简单的自制配方，使你在自己家也能轻松使用这些天然护肤品。

涂抹式或口服式益生菌还可以让我们免受紫外线和室内外污染的侵害。紫外线和室内外污染等日常环境压力源是导致皮肤老化的最大“凶手”，而涂抹式或者口服式益生菌则可以为我们提供保护，让我们能够免受这些压力源的影响。紫外线并不是唯一会造成皮肤损伤的光（顺便说一下，任何一种光对皮肤的损伤都被称为光老化）。目前，实验结果已经证明红外线也会损害皮肤（进行高温瑜伽或者桑拿的时候要注意，因为它们就是利用这一波长产生热量的）。新的研究甚至表明，可见光会使人体产生自由基，损害皮肤，并且还会导致皮肤变色（如肤色不均匀、出现棕色斑点和斑块等）。可见光来源也十分多样，如电脑、电视以及家庭和办公室照明常用的灯泡等都会发射可见光。但是，大多数科学家一致认为，最具有威胁性的可见光和红外光是由太阳发出的。如今，市场上的防晒产品虽然对紫外线具有一定的防护力，但对其他有害射线一点防护效果都没有。本书中我们将讨论如何使用护肤产品，以及改变饮食习惯来保护你的皮肤免受这些伤害。你将对甜椒、浆果、黑巧克力、泡菜、酸奶、康普茶和绿叶蔬菜产生全新的看法（这些都是你要加入购物车的商品）。

关于护肤的误区

你的外表绝不仅仅是表面的东西。许多人的一大误区就是将皮肤健康看作一个孤立的现象、一种表层问题。这是错误的，我一直在试图驳斥这种观点。我们的外表其实是体内无数复杂且规范的组织相互作用的结果，你的基因组行为、微生物组以及它与你体内各个系统之间的关系，甚至包括人体激素节律等各个方面都会影响你的外表。

另一个广为传播的谣言是完美无瑕的皮肤要靠遗传。其实，基因并不一定会让你长得像你的父亲或者母亲，它虽然是这个关系中的一部分，但是事情并非那么简单。你的 DNA 只有很小一部分对皮肤有影响，你仍然可以努力控制你的健康和外貌。尽管我们还只是刚刚开始了解人类微生物组及其与我们身体健康和皮肤外观的关系，但是相关的科学研究成果正在快速累积，让我们有了许多可以保护并增强它们的新“规则”。我将在本书中列出我的 3 周护肤计划，为你提供指导和帮助。

我相信，在不远的未来，我们能够识别易患某些皮肤病的人的微生物特征，并为他们提供更好的预防和治疗方案。美国加利福尼亚大学圣迭戈分校是微生物组前沿研究的中心，该校的路易斯－费利克斯·诺西亚斯－斯卡利亚博士正在对银屑病[①]患者的皮肤进行相关的生物学分析。诺西亚斯－斯卡利亚博士解释说，如果某些细菌产生的分子（代谢物）在皮肤患银屑病前检测不到，只有在病情发作时可以检测到，那我们就可以通过观察这些微生物的变化来预测银屑病何时发作。基于这些分子的属性，我们可以找出能够治疗或者预防这种疾病的相关药物。这种预测方式能帮助患者更加专业有效地控制自己的银屑病病情，减少使用较为刺激的免疫抑制药物，从而规避一些不必要的副作用。诺西亚斯－斯卡利亚博士目前工作于皮耶特·多瑞丝坦博士的实验室，多瑞丝坦博士目前正在使用质谱技术“窃听微生物世界中的分子对话”。通过识别对人类有益的微生物及其副产品，诺西亚斯－斯卡利亚博士希望能更好地了解微生物形成群落的过程，了解它们是如何彼此以及与它们所处的环境（如皮肤）相互作用的。我希望假以时日我也可以通过擦拭患者的皮肤即可对他们的微生物组进行分析和评价，从而制订一个对应“处方”，帮助他们解决皮肤问题，或者让他们能展现出自己最美丽、最容光焕发的形象。我们已经开始基于年龄、皮肤类型和其他人口数据来记录并对比不同人群的微生物组，开始建立专门的大型数据库。在未来，微生物组测序也将成为医生面诊的常规流程。这些数据将帮助医生更准确地治疗皮肤病。正是这些科学进

① 学术界大多认为银屑病是由免疫系统过度活跃引发的。

步让我们可以在未来逐渐实现真正的个性化精准医疗。

科学家们现在也正在努力地了解我们的微生物组，希望能在不久的将来可以熟练地操控它们达到理想的结果。我们也可以展望一下，在未来，你可以通过调整肠道微生物来轻松减重，彻底根治 2 型糖尿病，降低患上抑郁症、阿尔茨海默病和癌症的风险，并且更好地维护皮肤健康。我们还可以试想一下，通过改变皮肤的微生物特性就可以阻止痤疮发作，阻挡紫外线，预防皮肤癌，甚至防止蚊虫叮咬（这是真的，新的研究表明我们皮肤上的微生物会对我们是否被叮咬产生影响），还会让我们的皮肤焕发光泽。所有这些都是这个令人兴奋的医学领域所能提供的前景。所以，我们是时候为此做好准备了。

皮肤焕发光泽的先导步骤：自我检查

目前，市场上已经开始出现一些面向消费者的微生物检测产品，它们可以通过收集你的皮肤（或者粪便、唾液）样本来分析你的微生物数据。但是这些测试及其结果背后的科学数据其实需要科学家进行大量的研究后才可能得出对我们真正有用的个人相关信息。现在还没有完全可靠的微生物测试，几乎没有测试能够准确地告诉你自身的微生物组的状态，但你还是能通过一些小问题来大概了解自身的情况。这些问题也能够帮助你更好地理解生命各阶段的经历对微生物组健康的影响。我把自我评估的问题已经全部放在了下文中，你可以自查一下。

如果你发现对自我评估中的绝大多数问题的答案都是“是”，那也不要惊慌。这个评估的目的只是自测你的生理机能失调的风险。虽然生理机能失调可能会影响你的总体健康状况，特别是皮肤的状况，但是早发现、早治疗，揭开这些问题的面纱才是解决这些问题的关键。

你可能还想知道这些问题与皮肤健康有什么关系。不要着急，你很快就会在本书中找到答案。如果你受到一些问题的启发而有了新的疑问，请继续看下去吧，我在本书中也会一一给出答案。

如果你对 5 个或者以上的问题回答为“是”，那你的皮肤可能正在遭受不必要的痛苦，你可以从本书中学习许多知识帮助你修复你的皮肤。即使你只有一两个问题回答为“是”，你也可以继续看下去，从而更好地改善你的皮肤外观和质感。想知道这些问题（以及不同选项）与你的皮肤有什么关系吗？那就继续读下去吧，下文会解答你的疑惑，让你更加漂亮，容光焕发。

现在，请你尽你所能回答以下问题，并且标记出你回答“是”的那些题目。

自我评估：皮肤风险因素有哪些？

下面这个评估会让你对自己的个人数据更加了解，从而帮助你了解你的整体健康状况以及导致你患上各类皮肤病或者加速衰老的风险因素。请尽可能诚实地回答问题，如果你遇到答不上来的问题，可以选择跳过。

- 你是否有皮肤问题？
- 你是否头发、眉毛或睫毛稀疏，并且指甲脆弱，这些经医学诊断已确定是皮肤问题造成的？（许多女性并不认为自己的头发稀疏，但她们确实也会注意到自己的梳子或浴室排水管里的头发比平时多了。）

- 你是否患有慢性胃肠疾病，如便秘或腹泻、胀气、腹部绞痛或不适、肠易激综合征、口臭或胃酸反流等？
- 你是否曾被诊断患有自身免疫性疾病（如银屑病、红斑狼疮、炎症性肠病、类风湿性关节炎）？
- 你是否觉得你的皮肤老化得要比正常速度快？
- 你是否超重约 9 千克？
- 你是否患有 2 型糖尿病或高血糖？
- 在过去两年里，你是否口服或者涂抹过抗生素药物？
- 你是否会食用人造甜味剂以及一些号称低热量的减重食物或饮料？
- 你是否经常食用加工过且包装好的方便食品？
- 你是否经历过失眠或者长期睡眠不足？
- 你是否很少锻炼？
- 你在一周时间里是否经常感到压力大或者不堪重负？
- 你对化妆品、护肤品和美容产品中的成分特别敏感吗？
- 你是否居住在城市里？
- 你喜欢蒸桑拿、汗蒸或者做高温瑜伽吗？
- 你是否有过严重晒伤或者使用过美黑产品？
- 你是通过剖宫产出生的吗？
- 你是否经常使用杀菌洗手液或除菌皂？
- 你是否喝脱脂牛奶或由乳清蛋白制成的蛋白质奶昔？

第 2 章

好肠道，才有好皮肤

理解肠道、大脑、皮肤三者之间的关系

我遇到过许多女性患者都很有美容意识，并且一直在跟顽固的皮肤问题做斗争。安德莉亚便是其中一个，为了解决她的皮肤问题，她尝试了许多在网上搜到的自制解决方案。她 35 岁，饱受痤疮、红斑以及肤色不均等问题的折磨。但是，她所用的那些舒缓产品非但没有解决问题，反而进一步刺激了她的脸，并且导致了面部起皮。她不知道自己哪里出了问题，因为她认为自己做的每一件事都是正确的——吃有机低脂食品，每天都会使用昂贵的含有植物酶的“净化”洁面乳，在周末还会做果汁排毒。用她的话来说，这是为了“清除破坏皮肤的毒素”。安德莉亚的果汁排毒法也是一种减重的尝试，因为她希望能够减掉这些年增加的体重，重回 20 多岁时的体重。为了帮助她找到哪些步骤做得不对，我问了她一些问题，从她的饮食和护肤习惯出发寻找答案。

事实与安德莉亚的想法恰恰相反，她的饮食并不健康，反而正在破坏其皮肤的自愈能力。在大多数情况下，安德莉亚早餐会吃有机能量棒或者喝用脱脂牛奶做的蛋白质奶昔，上午 10 点左右她会在办公室旁边买一杯冰摩卡，下午则会喝健怡可乐。午餐时她通常吃沙

拉，并搭配一些低脂酱料，或者选择吃三明治，里面的酱料也会选择脱脂的蛋黄酱。对于零食，她则一般会选择低热量的米饼或者椒盐卷饼。我对她的定期锻炼给予了肯定（她尤其喜欢动感单车和训练营训练[①]），但是她的训练方法有些失衡，这让她损失了一些效果。和我的许多患者一样，安德莉亚每周锻炼 7 天，并且只专注于高强度的有氧运动，回避了那些涉及柔韧性和力量的训练。我还意识到，作为一名在知名律师事务所工作的律师，她的工作和生活都是非常忙碌的，总是连轴转，所以压力也是影响皮肤状态的重要因素。所以，上述原因叠加在一起就导致了她的身体和她的皮肤都被“烧”坏了。

然后我便继续跟她讲肠道健康和皮肤健康之间的联系，告诉她“脏”一点的好处。我没收了她包里的免洗手凝胶，给了她新的饮食和健身指南，并且给她报名参加了一个新的护肤项目，专门为了修复其皮肤的微生物组。通过上文你也已经知道，我们的皮肤上有许多微生物菌落，它们与我们的皮肤细胞一样都是维护我们皮肤健康和功能的不可或缺的一部分。所以，安德莉亚（或者其他人）经常使用腐蚀性的洗面奶和磨砂膏洗脸就会杀死这些有益细菌，从而导致它们无法再为保持皮肤光洁而发挥作用，并且这还有可能会损害皮肤的天然屏障。我为她提供的新的护肤方法是使用一个温和的日常洁面乳洗脸，偶尔使用去角质粉末进行轻度去角质，加上饮食的调整和更平衡的运动方式，安德莉亚的身体和面部的“火焰”被成功“扑灭”了，皮肤

---

① 训练营训练的英文为 boot-camp workouts，是指一群人一起进行循环的训练，可以在室内或是室外进行。群体一起训练时相互鼓励，完成一个体能的训练，有团体治疗的功效。——译者注

状况开始好转。

两周后，安德莉亚就看到了结果——她的肠道 - 大脑 - 皮肤轴更健康了，皮肤上的微生物组也更加平衡了。她的肤色更有光泽了，脸上的红斑和痘印也都明显消退了，体重减轻了约 2.3 千克，并且她自己感觉很好。从这之后，我继续帮助她减轻她的整体压力水平，因为这也是导致她的身体失衡和皮肤发炎的原因之一。我鼓励她多去室外散步，或者周末花半小时到一小时做些让自己平静的事情，如读书、做足疗或者和朋友聊天。

关于“脏”这件事的真相

与安德莉亚的经历类似的患者还有很多。正如我之前说的，我每天都在面诊各种各样的患者，他们的健康问题虽然表现为患皮肤病，但是核心问题主要在于肠道系统紊乱，许多微生物组会在脆弱的肠道褶皱中繁衍并影响我们的生理机能。我们体内的微生物组对人体生物学有巨大影响，甚至有人认为它对健康的影响完全不亚于我们在父母那里遗传的基因。虽然安德莉亚觉得自己肥胖是天生的，因为她的父母都超重。但是我更正了她的这一观点，并且告诉她，最新的科学研究表明，我们体内的有益细菌有能力影响我们的新陈代谢，甚至可以与我们的基因组相互联系，从而改变基因组行为。这些细菌所携带的遗传信息数量远超我们自己的 DNA，它们能够控制我们基因的“开关”。这些细菌也是人体的控制器之一，它们能够决定我们体重的增减以及皮肤的好坏。遗传基因并不会完全控制你的命运。

历史的重演

可能许多人没想到的是肠道健康和皮肤健康之间的关系并不是在 21 世纪才发现的。早在 1930 年，科学家就猜测两者之间存在联系，但是在近几年依靠现代科学工具我们才证实了这种联系的重要性，它取决于我们肠道内细菌的平衡以及肠壁的状态。

在安德莉亚第一次和我见面时，我便考虑过她的微生物组的状况问题。我凭以往经验猜测她的微生物组“生病”了，导致有害细菌过多。此外，她的肠壁可能也出现了渗漏。肠道的渗透性也是肠道细菌需要控制的关键问题之一。如果微生物破坏了肠道细胞的完整性，就会影响营养物质从消化管进入人体。肠壁一旦渗漏就无法正确地管理不同物质的进出，无法分辨哪些是可以进入人体的营养物质，哪些是禁止进入人体的有害物质（如会引发免疫反应和炎症的病原体）。

许多秉持传统观念的研究人员和医生曾一度怀疑“肠漏”这个概念的合理性，但是现在有许多研究一再证明肠道屏障受损会导致不健康的肠道菌群增多，从而破坏肠道黏膜的完整性。这个状况还可能会导致一连串的健康问题，其中最主要的就是皮肤病，可能会出现“皮肤裂缝”，即皮肤的天然屏障被破坏。如我们所想，皮肤的主要作用是充当我们和外部世界之间的屏障。皮肤不仅可以保护我们免受有害物质、紫外线和病原体等外部威胁，也有助于防止身体水分的流失。如果这一屏障受损，有害物质就会穿过皮肤的各个保护层进入人体。比如，玫瑰痤疮和湿疹就是由于皮肤受损导致水分流失（皮肤无法留住水分）引起的。这些因素会使得来自外部环境的过敏原和刺激物穿透外层皮肤并引发炎症。研究表明，压力也会破坏皮肤屏障，这里的压力包括心理和生理上的（有位科学家将其称为“皮肤神经衰弱”）。所以，无论你是在与疾病做斗争，经历痛苦的离婚期，还是在术后恢复，你的身体都会将这些视为压力，从而影响你的大脑、肠道，进而影响你的皮肤。

皮肤压力过大

2011 年，我与他人合作发表了一篇学术论文，这篇论文也是最早将“肠道 - 大脑 - 皮肤轴”这一概念引入学术界的文章之一，它尤其说明了这个轴对痤疮的影响。但是，我们对于肠道 - 大脑 - 皮肤轴的理解其实是始于 1930 年的一项研究，这项研究着眼于精神上和情感上两种特定类型的压力对身体的影响。美国宾夕法尼亚大学的两位皮肤学教授约翰 · H. 斯托克斯和唐纳德 · M. 皮尔斯伯里首次提出了从胃肠病学的角度分析一个人的皮肤状况与抑郁、焦虑等心理状况之间关系的理论。一时间，在医学领域，越来越多的人开始对此话题感兴趣，并研究和记录情绪和紧张状态对身体功能的影响，尤其是对皮肤健康的影响。他们假设情绪状态可能会改变正常的肠道菌群，增加肠道通透性（引发肠漏），并且导致炎症的大规模扩散，这里当然包括扩散到皮肤。他们所给出的治疗建议中有培养嗜酸乳杆菌的方法，这是一种在许多酸奶和发酵食品中常见的益生菌。

心态与皮肤之间的联系是由来已久的。新生儿和母亲之间的皮肤接触肯定是其中一个原因。回想一下，胎儿的大脑和皮肤是从同一胚胎层生长出来的。这一点说明了这两个看似不同的器官和系统之间有着根深蒂固的联系。事实上，正是这种联系给了我们与世界接触的另一个渠道——我们的触觉。所以，毫无疑问，我们的情绪会影响皮肤状态，它们之间的关系既亲密又复杂。

自斯托克斯和皮尔斯伯里两位教授提出这一论点以来，学术界也逐渐承认了慢性皮肤病和心理健康障碍之间的联系，相关医学文献越来越多，尤其是关于肠道菌群、皮肤炎症和抑郁等心理症状在生理上相互交织的观点。但是直到 20 世纪 90 年代末，学术界才开始关注研究大脑（以及人体神经系统）和皮肤病之间的相互作用。传统的精神病学主要研究和治疗内在表现的心理过程，而一般的皮肤学则是主要研究和治疗外在表现的皮肤病。学术界将这二者结合，在此基础上形成了精神皮肤学，亦称精神皮肤医学，成为医学上新出现的一个次级专业（这有点类似一个自证预言——患有皮肤病的人可能会因为面容不佳而加剧自己的焦虑和抑郁）。

我们其实都感受过肠道、大脑、皮肤之间的联系。回想一下你上次处于极度紧张、害怕或者感到超级尴尬的时候，也许是在面见未来雇主前，在人群面前跌倒后，或者是在你走向自己的婚礼舞台中央时。你可能会突然感到恶心，或者可能会因为感到丢脸而脸红。回想一下，你是否曾经因为进行高空挑战或者使用高空索道而起鸡皮疙瘩，或者突然感到发热或出汗。这是我能想到的最易懂且最能证明肠道、大脑和皮肤之间关系的例子。这些强大的联系对人体的许多方面都有影响。大脑不仅会让你有“胃里蝴蝶飞”的感觉，还会让你面部充血变红，你的肠道也会把它的警报或者平静状态传递给神经系统，从而改变皮肤的外观。所以，下面请允许我介绍一下它们具体是如何产生联系的。

神经系统不仅包括大脑和脊髓。除了中枢神经系统外，还有肠道神经系统，它是胃肠道的一部分。如前文所述，这两个系统在胎儿发育过程中是由同一组织分化而成的。迷走神经从脑干延伸至腹部，是中枢神经和肠道神经系统中的 2 亿～ 6 亿个神经细胞之间的主要信息通道。迷走神经也是 12 对颅神经中最长的，有时也被称为颅神经 X，因为它在大脑的神经对排列中排名第 10。它属于神经系统的一部分，控制着包括消化和心率在内的许多潜意识主导的身体运转过程。

由于肠道神经系统所依靠的神经元和神经递质的类型与大脑和脊髓，也就是中枢神经系统相同，所以它也被称为“第二大脑”。当连接消化道的神经元感觉到食物进入肠道后便会向肌肉细胞发出信号，开始进行连续的肠道收缩，使食物能够向下移动。在食物下移的过程中，它会被逐渐分解为可供吸收的营养物质和需要排出的废物。此外，肠道神经系统还会使用神经递质，如血清素（由肠道细菌产生）与你身体的中枢神经系统进行沟通和相互作用。

对我的许多患者而言，想要通过控制压力来获得健康皮肤就意味着饮食要更合理，正确护肤，并且还需要结合自身情况服用适当的药物。其实我有时也会想，对于压力的良好控制能力以及健康的饮食习惯对于皮肤健康的影响是否相同？我们的心态和皮肤状态是紧密相关的，这个问题我们将在第 3 章更深入地探讨，因为这一话题值得单独用一章来说。而我在这里提及这个问题的目的只是希望可以提前给你一个基本的概述，让你知道肠道 - 大脑 - 皮肤轴这个概念，特别是它与心理学之间的关系。

许多皮肤问题，如痤疮、玫瑰痤疮、湿疹、银屑病、脱发或者色斑等，究其根本都与心态有关。当你能保持冷静的心态，你也就能拥有平滑的皮肤。一般来说，突然的焦虑（“我刚刚因为超速被警察拦下来了”）或者暂时的紧张（“我这次演讲可能要失败”）虽然会让人讨厌，但是对微生物组或者皮肤不会造成太大的伤害。相反，有害压力是指连续不断的压力，这种压力会对肠道和皮肤产生更严重的影响。想要了解这些影响，你需要先了解一下“小肠细菌过度生长”（小肠细菌过度生长）这个概念。

皮肤害怕有害细菌

全球每天都有上亿人承受着长期压力，各种工作、家庭等压力都会对小肠造成一定影响。研究表明，长期压力会削弱肠道的消化功能，导致细菌过度生长，进而破坏肠道屏障。以加工食品为主、纤维较少的典型西式饮食会让这一情况更加糟糕。

纤维就像机器润滑油一样能让消化系统正常运转，但是它的重要性主要体现在其他方面。它能够促进肠道中有益细菌的生长。如果人体缺乏足够的纤维，消化就会变慢，有害细菌便得以生长，将有益细菌挤出体外，从而改变肠道成分。这会产生包括消化系统和皮肤紊乱等一系列负面影响。所以，当你压力过大，同时食物中纤维含量又不够时，这两个因素加起来很有可能会让你出现小肠细菌过度生长的状态。此外，当结肠中的某些细菌出现在了本该没有它们的小肠中时，也意味着会出现小肠细菌过度生长的状态。

小肠细菌过度生长也是由斯托克斯和皮尔斯伯里两位教授首次提出的，它有多种表现形式，有的患者没有明显症状，而有的患者会表现为严重的吸收不良综合征，影响对蛋白质、碳水化合物、脂肪、微生物和矿物质等人体所需物质的吸收。小肠细菌过度生长通常表现为胃肠道症状，如腹胀、腹痛、腹泻、口臭、胃酸反流，甚至便秘等。此外，它还普遍存在于焦虑症和抑郁症患者以及患有纤维肌痛和慢性疲劳综合征的人体内。这些疾病具有相同特征，那就是都是身体的正常功能受损，但是没有明显的身体异常[①]。

当人体处在严重营养不良状态时，体内过量的有害细菌会与身体争夺养分，产生一些有毒的副产物，并且对小肠细胞造成直接伤害。这会导致体内的炎症肆虐，从而直接影响皮肤状态。你可能想问，为什么它会引发炎症？其实，这是因为肠道中的有害细菌数量超过了有益细菌，从而对肠道内壁造成损害。而且，这些有害细菌还会增加肠道对病原体和感染的易感性。因此，原本应该储存在肠道中等待中和或排出体外的毒素通过渗漏的肠壁进入血液。肠道功能的变化与肠道微生物组的变化加在一起会对我们造成损害，进而有可能影响到皮肤。由于肠道的整体完整性受到破坏，这一阶段就会出现全身范围的或局部皮肤的炎症。任何系统性炎症都可能表现为皮肤问题（以及其他健康问题）。具体会出现哪种皮肤问题取决于一个人潜在的弱点以及基因。你可能会患有痤疮或玫瑰痤疮，而其他人则可能表现为银屑病或湿疹等症。

下页有一张有关小肠细菌过度生长的图片，它是我与加拿大皇家公共卫生学会的艾伦·C. 洛根于 2011 年共同发表的论文中的插图。这张图片能让我们更直观地回顾并总结上文所说的内容。

① 如今的临床测试已经可以尝试诊断小肠细菌过度生长。这些测试大部分都是采用呼吸测试的形式，历时大约几小时，目前还存在局限性，无法说明产生问题的根本原因。如果你有小肠细菌过度生长的典型症状，如慢性气体、腹痛或痉挛、腹泻等，除了本书所提到的检查外，你可能还需要考虑咨询一下胃肠病学专家。另外，需要注意的是小肠细菌过度生长的一些症状可能会与许多其他胃肠道疾病重叠，特别是肠易激综合征（IBS）。

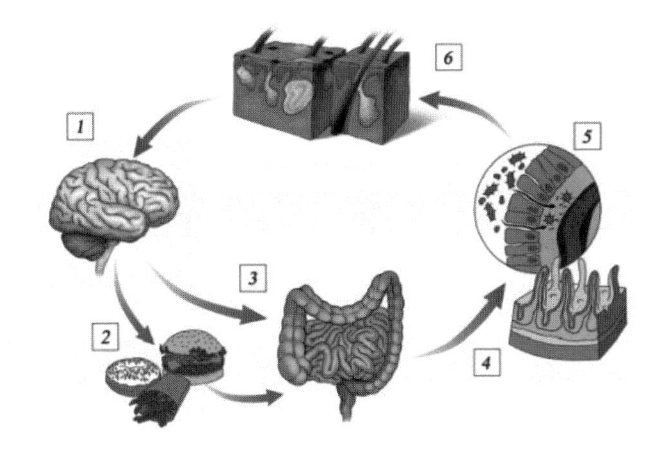

心理压力 1，加上缺乏纤维的加工食品 2 使得消化缓慢，这反过来也会改变肠道和肠壁 3 中的细菌的类型和数量。研究证明，这会增加肠道的通透性（肠漏）4 。肠壁会因此丧失作用，使得肠道中的毒素渗入血液中 5 ，造成包括皮肤 6 在内的全身范围的炎症。对于一些易患痤疮的人来说，这种关系也会影响或者加重其已有的皮肤问题。而一些人在这一连锁反应下则会出现玫瑰痤疮或银屑病等问题。

饮食营养不足加上高压状态会对皮肤产生诸多不良影响，所以这也是为什么我在本书中给大家提供许多方法来管理压力，并且会告诉大家平时应该回避哪些食物和成分，以及如何更好地培养一个健康的肠道，如利用益生菌等。新的研究表明，通过口服益生菌或者活性培养菌，我们可以极大地影响肠道微生物组及其行为。除了益生菌之外，改变饮食习惯同样有很大的作用。在许多研究中，研究对象服用了益生菌，只是简单地通过食用少糖和低加工的食品也达到了改善肠道状况的作用。这些研究报告显示，研究对象的皮肤也得到了改善，脓肿和黑头明显减少了。因此，益生菌和饮食调整相结合可谓是解决皮肤问题的一记“组合拳”。在此基础上再添加一些减压策略，你的皮肤问题也就能解决了。

我见过的绝大多数患有慢性皮肤病的患者身体的其他部位一般多多少少也会有一些失衡问题。其中，大多数患者抱怨的都是肠胃问题，这个现象在斯托克斯和皮尔斯伯里两位教授于 1930 年所做的研究中也提到了，这些问题也会进一步加大他们的压力水平。2008 年发表在《皮肤病学》（*Journal of Dermatology*）杂志上的一项研究则以 1.3 万名中国青少年为研究对象，该研究也表明，痤疮患者可能会出现便秘、口臭和胃反流等胃肠道症状。更具体来说，患有痤疮或者其他与分泌皮脂的腺体有关的疾病会使患者出现腹胀的可能性增加 37%。我还见过许多痤疮非常严重的患者一般同时会患有炎症性肠病（溃疡性结肠炎或者克罗恩病），这可能在某种程度上是因为他们体内的微生物组受到了破坏。当然，这一发现也不是什么新奇事了，因为近年来有越来越多的研究证明肠道微生物组有强大作用，并且与身体其他部位存在密切联系。我在本章开头提到过一名叫安德莉亚的患者，她自己也承认经常腹胀并有慢性胃灼热，所以平时她服用奥美拉唑来缓解。这些线索都表明她的肠道微生物组处于失衡状态，并且导致她出现皮肤炎症问题。

造成皮肤问题的一大主要原因就是无糖软饮料，这一点我对安德莉亚也说过，包括她在内的许多患者第一次听到时都会觉得难以置信，因为我们当中有许多人都会觉得喝这些无糖饮料比喝含糖的饮料对我们身体更健康一些。但事实并非如此，许多研究结果表明人造甜味剂对微生物组有巨大影响，简直令人瞠目结舌（吓得我赶紧放下了手上的无糖冰茶）。目前全球各种品牌的代糖虽然不含热量，但是它们所含的化学物质能够极大地破坏肠道微生物，从而对新陈代谢和血糖平衡带来负面影响。这些无糖食品和饮料不仅会增加胰岛素抗性和糖尿病的患病风险，还会导致炎症频发，从而产生一系列多米诺骨牌效应，造成包括痤疮和玫瑰痤疮在内的众多皮肤病的出现。当然，这些代糖也不是全部都不能吃，还是有一些代糖可以供大家适量食用，我会在第 10 章中列出。甜叶菊（从某种植物的叶子中提取）和包括木糖醇在内的一些糖醇则稍好一些。这些甜味剂对人体的影响不会像一般的人造糖那么大。

2015 年，一些实验室的研究揭示了膳食乳化剂对微生物组的有害影响。这个对肠道和皮肤造成伤害的“坏蛋”到底是什么呢？乳化剂其实是一种分子，它在食品中扮演了混合剂的角色，以混合一些不能混合的成分，如油和水。它也可以用作防腐剂（我指的是添加到食品中的乳化剂，而不是蛋黄和芥末等营养食品中的天然乳化剂）。你以为你可以不吃这些食品添加剂吗？基本不可能，因为它们存在于各种加工食品中，包括冰激凌、沙拉酱和奶油、奶酪等。但是你在食品标签上看不到“乳化剂”这个词，因为它是以卡拉胶、大豆卵磷脂、聚山梨酯 80、聚甘油、瓜尔胶、槐豆胶和黄原胶等词汇出现。我的许多患者在进食中都会摄入很多这些影响他们的皮肤状况的肠道干扰物（直到我让他们重塑饮食习惯）。当人体摄入这些物质后，肠道微生物组的组成会遭到破坏，引发更大规模的系统性炎症，从而导致皮肤系统紊乱。

重启肠道，解锁好皮肤

这里我还想要再强调一遍，饮食是追求美丽皮肤最关键的因素。加工食品不仅缺乏纤维，而且里面还有许多低级的人造成分和添加剂，可能会导致肠道生态紊乱和皮肤问题（以及其他疾病）。所以，可以说这些加工食品是许多问题的导火索。如果持续不合理饮食加上心理压力，那么对皮肤的影响就更严重了。这种恶性循环，安德莉亚之前也经历过。她不仅长期处于高压状态，而且其饮食也不利于体内菌群生长，缺乏天然食品中所包含的纤维以及包括鱼油、橄榄油、坚果种子中所含的 ω-3 脂肪酸（她认为脂肪会让人发胖，所以想尽量减少饮食中的脂肪）。

安德莉亚改变了饮食习惯后，她的肠道恢复了正常，她的皮肤也逐渐开始慢慢变得有光泽。她自己也看到了身上的变化，并且又问了我一个很有意思的问题："我感觉我现在吃得更多了，但是体重反而轻松地下降了，而且皮肤也变好了。这到底是怎么做到的？太神奇了！"

我跟她解释说这是因为她体内的微生物组通过调整与身体其他部位达到了平衡。作为结果，她能更有效地消耗热量，吸收更健康的营养物质，并且控制整个系统的炎症水平。她的皮肤也因此受益于这种和谐，呈现出更好的状态。

你也可以达到同样的目标——培养一个能帮助你而不是与你作对的微生物组。虽然不容易做到，但是通过努力你一定能够在体内打造一个平衡、健康的生态系统。我们每个人都能做到！

安德莉亚的饮食日志

目标：剔除饮食中那些容易导致发炎且不利于肠道健康的食物，在食谱中添加抗炎食物和对肠道有益、有助于恢复体内有益菌群的食物。研究表明，3 天时间内肠道菌群就可以出现变化，并且 2 周内就可以观察到皮肤状况得到改善。

不行→行

- 脱脂牛奶→有机、无添加糖的椰奶或杏仁奶
- 低脂或脱脂食物→来自鱼类、坚果、亚麻籽、牛油果和橄榄油等食物的健康脂肪
- 人造甜味剂→适量的真正的糖或者天然代糖果汁→绿色蔬菜汁（如菠菜、羽衣甘蓝）
- 摩卡咖啡→卡布奇诺或无糖杏仁奶拿铁
- 无糖冰茶→自制冰绿茶
- 乳清蛋白粉→植物蛋白粉
- 高血糖指数食物（含糖谷物、白米饭、百吉饼）→低血糖指数食物 *（希腊无糖酸奶、豆类、非淀粉蔬菜）

* 我将在第 6 章介绍低血糖指数食物的重要性，它们的优点在于不会显著提高你的血糖。但不幸的是高血糖指数食物现在无处不在，它们不仅存在于加工食品中（如安德莉亚喜爱的低热量米饼和椒盐卷饼），也存在于看似无害的食物里，如甜瓜、蒸粗麦粉、大米、葡萄干和蚕豆中。

读完本章之后，你已经开始对肠道 - 大脑 - 皮肤轴有了初步了解，并且开始认识到自己的情绪，或者说心理压力，对身体和皮肤的影响。但是你的心理状态和你的外表之间的关系比我目前所描述的还要复杂。直到 20 世纪 90 年代末，我们才开始研究人体的神经系统、免疫系统、激素系统和皮肤之间的相互关系，而这一复杂的关系网与微生物组也有着直接联系。所以，在接下来的一章中我们就围绕这一话题来深入探讨。

第 3 章

心里想的，脸上看得见

大脑对身体由内而外的影响

我的患者经常问我：“医生，我怎么感觉我一下子就老了 10 岁呀？”其实在我刚开始从医时，我并不相信这种夸张的说法，在我看来，他们可能只是因为自己 40 岁或 50 岁的生日快到了，忽然有了焦虑感，对皮肤关注得更多了，或者说是在社交媒体上看到了自己不满意的照片，所以才会有这种夸张的言论。但是，随着我逐渐成为一名颇有经验的皮肤科医生，并且对许多患者有了更长久、更深入的了解之后，我发现这种现象是存在的，我也目睹过它的发生。我记得我的一个患者名叫艾莉森，差不多 40 岁，找我治疗皮肤病，每个月都会来复诊。然而就在一次复诊时我发现她真的突然似乎老了 10 岁。艾莉森的眼睛和嘴巴周围都长出了细纹，胸部也长出了褐斑，而且她的皮肤也变得干枯暗沉，手也很粗糙。她跟我说，她的母亲生病了，所以她要在家尽力照顾母亲，同时还得抚养 3 个年幼的孩子。过大的压力最终还是压垮了她，而她的皮肤就是其状态的一个表现。

心理状态会对一个人的身体和外表有巨大影响。但是，究竟有什么影响？这种现象背后的生物学原理又是什么呢？你的所思所想或者精神状态是如何转化为真实存在的具体皮肤问题的呢？

很长一段时间以来，医生也很难理解并解释心理健康和身体健康之间的联系。医生们也不知道长时间处于不适的压力状态下会如何引发各种具体问题或疾病。但是，皮肤科医生很早就知道心理压力往往会让患者的皮肤问题恶化。痤疮、银屑病、湿疹或玫瑰痤疮这四大皮肤病都会因为人处于高压状态而加剧。所以，你还会以为自己在考试周、自己的婚礼前或者爱人去世后长“痘”真的只是巧合吗？另外，压力的形式多种多样，悲伤、震惊、痛苦和失望等都可以算作压力。

如今，我们对压力和健康之间的关系有了更加深入的了解。在本章中，我将详细介绍这种关系背后的生物学知识，并将重点放在它对于皮肤的影响上。湿疹、痤疮、银屑病、脱发等许多皮肤或者头发问题都会因为压力而加重。

通过前文我们知道，压力和焦虑会影响微生物组。而小肠细菌过度生长则是二者之间相互影响的因素之一：肠道细菌可以影响大脑和皮肤，与此同时，这种影响也可以反过来，即由大脑影响肠道。一般来讲，患者在心理压力较大的情况下会出现胃肠道或者皮肤问题。在我的从医实践中，我见到过许多有皮肤病（如痤疮、皮肤红肿、早衰、眼周皮肤皲裂及眼袋、血管破裂）的患者，他们往往也在与肠胃问题、焦虑以及失眠做斗争。所以，在我的实践中，我也逐渐明白了这样一个道理，那就是如果我一开始的治疗方案对患者的皮肤状况没有明显改善，那就说明我需要进一步确认患者是否有潜在的压力。困难总是存在的。有时我的患者在解决皮肤问题的时候可能受到了某个创伤时间的影响，所以治疗会很艰苦。有时我不仅是一名医生，我还需要成为患者的知己，认真倾听他们的故事，了解他们的家庭动态、最大的弱点和不安全感。我尊重并保守他们的秘密，并且尽我所能帮助他们由内而外地得到治疗。

长相不会骗人

还有一个方法可以了解大脑和皮肤之间的联系，那就是观察那些从事高风险、高要求工作，且经常受到公众监督的人，如通过选举上任后的国家元首。我们可以拿他们上任前的照片与上任一段时间后的照片进行比较，通过对比可以解释很多疑问。你会发现他们的头发更加灰白、稀疏了，并且皮肤上也出现了皱纹，黑眼圈也更明显了。与同龄人相比，他们身上的这种变化更加明显。这些现象不是单纯的衰老现象，而是长期的压力和焦虑对皮肤、头发和指甲所带来的长期影响。总而言之，持续不断的压力会引发慢性炎症，从而导致各种皮肤问题。

是的，压力也会影响皮肤状况

“压力”是个很有趣的概念，它具有生物学和社会学的双重含义。广义上来讲，“压力”这个词可以指任何对生物体平衡（内稳态）的实际或感官上的威胁。压力可以来自我们的生活方式或环境，既可以是突然的和暂时的（急性的），也可以是普遍的和持续的（慢性的），而后者往往对健康的损害更大。

大多数人在经历压力时自己是可以感知到的。如果一定要表达或者列举压力的感觉，那可能会是愤怒、焦虑甚至悲伤等。或者你会有一种厄运即将来临的感觉，仿佛坏事将要发生了。在压力激增的情况下，你还可能会心跳加速、面部泛红，并且出现胃部不适或严重头痛等更强烈的症状。你的脸上可能会长出一个很大的“青春痘”，或者接连冒出很多“痘痘”。当然，每个人承受压力的方式都不一样。对一些人来说，压力几乎没有明显的影响。相反，压力是内在化的，可以通过测量血压、压力激素和炎症水平来检测。有时慢性病发作也是由压力导致的。

一般来说，当需求或者任务超出我们的应对能力时，我们就会感到压力。我们的感觉、思想、行为以及我们对这些需求的反应所导致的生理变化也是压力的一部分。自 20 世纪初以来，人们对应激生理学进行了大量的研究，由于医学的重大进步，该领域自 20 世纪中叶起也获得了相当大的发展。

新、旧压力源：时代的标志

我们的曾祖父那一辈所面对的压力源和如今折磨我们这一代的压力源是大不相同的。比如，他们可能更担心致命的传染性疾病，而我们可能担忧的是慢性疾病，也就是那些随着我们年岁增长而逐步出现的一些非传染性疾病——心脏病、脑血管疾病、阿尔茨海默病和各种癌症等。这些情况往往在几十年的时间里潜移默化地形成，然后在我们因身体虚弱或年龄增长时表现出来。

1936 年，压力研究创始人之一汉斯 · 塞耶在关于压力的第一份科学出版物上将生物压力（他称之为“一般适应综合征”）定义为“身体对任何变化需求的非特异性反应”。他的这项研究是基于沃尔特·布拉德福德·卡农博士的工作之上进行的。卡农博士当时是哈佛医学院生物学系主任，26岁时便在《自然》(*Nature*)杂志上发表了论文。卡农博士首次提出了“战斗或逃跑”这个概念来描述动物对威胁的反应。塞耶提出，当受到持续的压力时，人类和动物都可能患上某些危及生命的疾病，如心脏病或脑卒中，而不是如以前人们认为的那样这些病只是由特定的病原体引起的。这是一个很重要的发现，它揭示了日常生活和经历对我们身体健康的影响。

我们的想法和感受对身体的影响方式是多种多样的。现在我们有大量令人印象深刻的科学研究成果来解释我们的心理和整体生物学之间的复杂联系。许多无形因素，她情绪状态（沮丧或满足）、思维过程（杯子是半满还是半空），甚至是社会经济地位（富有或贫穷），都能改变身体机能，影响我们的消化、新陈代谢、免疫系统、神经系统、激素、睡眠质量，甚至是皮肤细胞。当然，压力也是一个矛盾的东西，它不仅是一个试图“偷走”我们健康和美丽的“盗贼”。压力的直接影响，如心率加快、感官增强、注意力增强等，在许多情境下也会给予我们一定的帮助，如在比赛中规避风险时，赶在最后期限前完成任务时，或者在一群人面前演讲的时候。而那些温水煮青蛙式的长期压力才是真正会对我们皮肤造成长久伤害的“凶手”。

从20世纪50年代开始，“压力”这个词作为一个情绪相关词汇逐渐成为我们的常用词汇。后来，在冷战后漫长的几十年里，恐惧充斥着那个时代，也使得这个词的使用变得更加普遍。如今，我们仍然在使用这个词来描述那些扰乱我们情感的事情，大到国际安全局势，小到在工作中与难相处的同事保持和谐关系等。

继塞耶之后，研究人员又进一步将压力分成了几类，其中一个已经成为医学术语的关键概念是所谓的“稳态应变”，也就是“非稳态负荷”。稳态应变是内稳态的另一种说法，指身体为保持生理平衡而做出的努力。非稳态负荷指的是环境挑战——身体的“磨损”。当负荷达到一定的阈值时，身体便会开始努力维持稳定（稳态应变）。

此外，非稳态负荷也指身体在适应长期压力时产生的生理后果，包括反复激活免疫、内分泌和神经元等系统的应激反应机制。这就是为什么这个负荷可以通过观察神经、激素和免疫系统的化学失衡来测量。它还可以通过监测人体昼夜循环（也就是昼夜节律）来测量，在某些情况下还可以通过观察大脑物理结构的变化监测。

“非稳态负荷”是由研究人员布鲁斯·麦克尤恩和艾略特·斯特拉于1993年提出的，以作为通用术语“压力”一词更明确的术语表达。应激反应的主要参与者包括皮质醇和肾上腺素，它们既能对身体起到保护作用，同时也会损害身体。其作用主要取决于它们分泌的时间和数量。一方面，它们对适应和维持体内平衡至关重要；另一方面，如果它们长时间流动或相对频繁地生成，则会增加适应负荷，加速疾病进程。在这种情况下，随着化学失衡和生理紊乱在体内出现，这种非稳态负荷反而会变得弊大于利。

压力有时是一件好事，至少从进化论和生存主义的角度来看是这样的。它有一个重要的功能，那就是让我们在面对生死攸关的情况时有应对或者逃离的方法，从而保护我们远离真正的危险。但是，我们的身体反应并不能感知到威胁的不同类型和不同程度，它面对所有威胁反应时都是相同的。无论你面对的是一个生死抉择，还是堆积如山的待办事项，或是与朋友或家人争吵，你的身体的应激反应都是相同的。要想真正理解压力对皮肤的影响，我们首先需要看看当你感觉到有压力时，你的身体内部会发生些什么。

从生物学角度解读压力

你的身体一天 24 小时都会随着激素的节奏变化而改变状态。这里我所说的激素并不仅是大家耳熟能详的性激素睾酮和雌激素。我们的激素（内分泌）系统是高度复杂的，并且能够进行自我调节。我们的体内每一秒都有几十种激素在发挥作用，从而达到特定的生理机能，包括皮肤功能等。激素也控制着我们体内的许多感觉——饥饿、饱腹、困倦、精力充沛、炎热或者寒冷等。激素的任务有很多，其中主要工作包括帮助物质通过细胞膜运输、控制某些化学反应的速率，调节水和电解质的平衡以及控制血压。激素决定着人体的发育、生长、繁殖和整体行为。为了更好地理解这个问题，你也可以把激素看作是身体的“信使”。这些“信使”产生于身体的不同部位，如颈部的甲状腺、肾脏上方的肾上腺、大脑深处的脑下垂体等，然后通过血液或其他体液到达身体各个部位的目标组织和器官。到达目的地之后，激素就可以开始自己的工作，修改到达部位的结构和功能。从生殖系统到消化、免疫、泌尿、呼吸、心血管、神经、肌肉和骨骼系统等所有人体的主要系统中，激素都是非常重要的一部分。

任何一种压力，无论是长期睡眠不足还是离婚带来的痛苦，只要是压力都会影响人的激素（内分泌）系统。如果激素因此没能达到最佳平衡状态或者无法有效发挥作用，那么你最终也能够注意到这一点，因为你的皮肤无可避免地会受此影响。你可能会因此患上四大皮肤病中的一种。此外，激素紊乱也有可能是你所处的特定年龄阶段造成的，如青春期、怀孕或者更年期都会导致激素不正常。一些疾病（如糖尿病和甲状腺功能减退）或者病原体入侵也会导致激素紊乱，从而改变身体的生理平衡。举个例子来说，肠道菌群的失衡会导致肠道功能紊乱，这也会影响身体的激素状态。

所以，接下来让我们更加深入地了解一下身体在面对压力时会发生的一系列情况吧。前文中，我们已经提到了几种不同的激素，接下来就聊聊它们是如何对你的外表产生直接影响的。

下丘脑 - 垂体 - 肾上腺（HPA）

当身体感受到压力时，我们体内会发生一系列明确且固定的反应。首先，大脑向肾上腺发出“求救”信号，导致肾上腺素释放。我们体内的血液也会从消化系统转移到肌肉中，导致心率加快，从而做好逃跑准备。如果肾上腺素增长足够快，它还会抽取皮肤和脸部的血液。随着威胁的减弱，反应也会逐渐减弱，你的身体最终可以恢复正常。但是，如果威胁持续存在，你的压力反应持续加剧，并且看不到下降的迹象，那么你的身体就会进入另一种状态。在这种状态下，不同激素所组成的“特别行动小队”会加入，并帮助身体“管理事务”。以上我所描述的情形都是通过 HPA 轴发生的。

下丘脑是大脑中一个很小但非常关键的控制区域，在控制身体的许多功能中起着至关重要的作用，其中，位于下丘脑内豌豆大小的脑下垂体的激素释放就是由下丘脑控制的。下丘脑通常也被视为情绪的发源地，因为它控制着我们大部分的情绪变化。当你感到紧张、焦虑或不知所措时，下丘脑会释放一种名叫促肾上腺皮质激素释放激素（CRH）的化学物质，以引发连锁反应，并最终使肾上腺中的皮质醇流入血液中（这一过程还会释放其他物质，如炎症性细胞因子等）。

对于皮质醇，想必大家已经很熟悉了，它是体内的主要应激激素，协助完成“战斗或逃跑”的应激反应。但正是因为它负责在你感到压力时保护你，因此它也控制着你的身体对于碳水化合物、脂肪和蛋白质的摄入。皮质醇可以增加食欲，促进脂肪储存，分解能快速提供能量的物质。因此，皮质醇会导致腹部脂肪增加（最糟糕的情况）、骨质流失、免疫系统受到抑制、疲劳、增加胰岛素抵抗的风险以及患糖尿病和心脏病的风险。它还因会分解皮肤中的胶原蛋白等组织而臭名昭著。此外，它还会破坏新皮肤的形成，使皮肤变得更薄、更脆弱。

胶原蛋白是人体中含量最充足的蛋白质。它的含量占人体总蛋白质含量的1/3，占皮肤净重的3/4，也是细胞外基质最普遍的组成物质。因此，可想而知，胶原蛋白会不断经历更新周期（包括破坏和修复），正是它使得你的皮肤（还有肌肉，因为肌肉也富含胶原蛋白）特别擅长修复受损细胞。回想一下，你上次肌肉拉伤或者皮肤受伤的经历。随着身体的新陈代谢“工厂”的运转，你会发现，可能没过几天自己的受损组织就快修复好了。然而，随着年龄的增长，我们的修复功能也会逐渐出现故障。这意味着你更容易受到组织损伤，且修复所需要的时间也会更长。当身体经历这种压力时，你的皮质醇水平就会增加。如果这种威胁只是暂时的并且容易处理，那么皮质醇在人体自我防御中所扮演的角色就是积极的。但是，我们如今的现代生活方式往往带来的压力是持续不断的，因此皮质醇带来的影响往往不尽如人意。

身体的反击

身体对压力的反击不仅包括皮质醇等应激激素的激增和胶原蛋白等组织的分解，还有两种因素也会造成直接的皮肤损伤——炎症和氧化。

炎症，我在第 1 章中提到过，它是身体对抗有害刺激的一种保护机制。我们的身体可以通过这一过程有效地杀死入侵者或者对抗疾病。但是，就像皮质醇一样，炎症也有其弊端——时间长了，它会导致痤疮和玫瑰痤疮等皮肤问题，以及自身免疫紊乱和抑郁症等各种症状。

对于“氧化”这个词，大家可能也听过，它是在自由基的作用下产生的一种反应。我们可以将自由基看作生物学领域的一种不受控制的“子弹”。正如其名，自由基确实既激进又自由，是具有高度活性的氧化物，可以破坏细胞膜和身体的其他结构，尤其对皮肤的危害最严重。自由基的来源广泛，可能来自正常生理过程，也有可能是来自污染或者紫外线照射，后者也是皮肤所面临的两个主要外界压力源。

1998 年，哈佛大学的研究人员与美国波士顿地区的几家医院进行了一项合作研究，以调查压力对人体的影响，包括由内而外的影响和由外到内的影响，取得了显著成果。这项研究的最初目的是帮助人们更好地理解身心的相互作用，以及它们对皮肤的影响。研究人员观察并测试了不同的外部力量，包括按摩、芳香疗法和社交孤立等对我们心理状态的影响。他们的研究结果也证实了科学界几个世纪以来的猜想——我们的心理状态对我们的健康和外表有着深远的影响。

他们将这一发现命名为神经 - 免疫 - 皮肤 - 内分泌网络（NICE）。

为了更容易理解，你也可以把它看作是一个由神经系统、免疫系统、皮肤和激素（内分泌）系统共同组成的巨大交互网络。这些系统通过许多复杂的生物化学物质紧密相连，包括会令人产生愉悦感的内啡肽和促炎化合物等，而这些化学物质彼此之间也会相互作用。

在此之后，相关研究也越来越多，10 多个研究也证实了心理学和生物学，也就是身心（包括皮肤）之间的强大相互作用。大脑和皮肤会在受到心理压力或者环境压力等因素的影响时进行交流。据现有研究，人体中的具有外部影响的应激反应系统远远多于一个，有一种应激反应系统甚至就位于皮肤层。所以，皮肤本身就是一种内分泌“器官”这种说法是没错的，它也有类似 HPA 轴的轴线关系。

皮肤的个性化 HPA

皮炎、痤疮、银屑病、皮肤瘙痒、皮肤红肿等皮肤问题一直以来都与情绪和心理压力分不开。这究竟是为什么呢？虽然这一领域的研究仍在进行，但我们确实有了一定的知识储备来帮助我们理解这种关系。其实很简单，在大脑感知到心理压力时，HPA 轴就会被激活，从而释放特定的化学物质（主要是应激激素）以及引发免疫反应来帮助身体应对“威胁”。这一过程中发送给皮肤的信号也有可能会因此导致炎症反应，但是皮肤自身也有可能会释放相同的激素或内啡肽等化学物质来激发同样的反应。所以，即使没有大脑的帮助，皮肤也可以对压力做出反应。请记住，皮肤不仅有自己的应激反应系统，还有自己的免疫系统。

这些情况意味着我们的皮肤能够激发各种反应，导致出现各种皮肤状况。此外，从皮肤发出的信息可单独发生作用，或者与中枢神经系统的压力信息相结合，影响胶原蛋白和弹性蛋白这些有美容功能的纤维的生成。某些特定的应激反应也会减缓或者完全阻止这些纤维的生长。

所以，当你的皮肤出现炎症时，它可能不仅是大脑通过中央 HPA 传递的信号引起的，也有可能来自皮肤本身。环境因素，如紫外线、热、冷、污染、感染、刺激物、过敏原、高湿度或低湿度以及自由基，这些也都会诱发皮肤产生应激反应。反之，皮肤的应激系统也可以激活中央 HPA，以增加身体的整体压力负荷。

人体对压力的“过敏反应”

我们的皮肤在面对压力时产生的反应有些类似过敏症状。皮肤中含有一种名叫肥大细胞的白细胞，在被压力激活时会释放一些与压力相关的激素，如组织胺。组织胺位于神经末梢和血管附近，是过敏和炎症的核心因素。这种激素是哮喘和花粉热等疾病的催化剂，也与许多皮肤病有关。许多生物化学物质可以激活肥大细胞，但是其中效果最明显的是促肾上腺皮质激素释放激素（CRH）。实际上，肥大细胞可能是除大脑外 CRH 最丰富的来源。为什么呢？因为肥大细胞可以自己制造 CRH！

一旦这些肥大细胞被生化反应激发，它们就会引发一系列皮肤问题或者加重现有的皮肤问题。只要我们的身体认为是压力的任何事情都会导致最初的激发反应的产生，如暴露在污染或紫外线中、强烈的情绪、疼痛、自由基或极端的温度。别忘了，你的皮肤和大脑之间的信号是双向的，所以一个相对较小的皮肤问题（如蚊虫叮咬或轻度晒伤）所传递的信号也可能会让你的大脑保持压力水平，这意味着你会陷入炎症和刺激的循环。还有一个很糟糕的消息是当压力导致皮肤发炎时，皮肤会形成更多的神经纤维，使得皮肤更加敏感。这是个恶性循环！

如果不好理解，你也可以把中枢神经系统和皮肤之间的双向通信以及皮肤内部的双向通信想象成 Wi-Fi 系统。这种对话是通过多肽来进行的。多肽是一些促进细胞通信的氨基酸短链。神经肽起源于神经系统和大脑，包括皮肤外周神经末梢。有一种神经肽在研究领域得到了广泛的关注，那就是 P 物质。这种化学物质非常有名，它不仅能加剧身体疼痛，而且还能增加皮脂分泌。这也是为什么它经常与痤疮有关。我们稍后也会讲到，目前研究人员已经发现某些益生菌有助于控制 P 物质，所以在抑制痤疮方面非常有用。另外，P 物质也经常会引起抑郁和焦虑，而这两点也通常会引发痤疮。

具体过程是这样的：当你的身体感受到压力时，你的神经会做出反应，尤其是位于皮肤上的神经末梢。这些神经会发出 P 物质，然后皮肤中的受体会做出反应，与其他细胞分享这一信息，告诉它们如何运作。当你感到情绪剧烈波动的时候，你的体内已经经历了这一系列过程了，并且反映在了你的脸上。当你感到尴尬时，你会脸红；当你精力充沛时，你的皮肤可能会容光焕发；而当你受到惊吓时，你的皮肤则会在一瞬间变色。

皮肤状态取决于皮肤的“思考”和“感觉”。环境压力因素会使 P 物质和其他多肽快速进入皮肤。皮肤的任务是保护自己和“领导”

修复组织。皮肤产生的胶原蛋白和弹性蛋白反映了这些多肽的活性。如果你的皮肤承受了太多的环境压力，那么由胶原蛋白和弹性蛋白生成的“工厂”就会“关闭”。相反，如果你没有感受到这些压力，并且身体也很健康，那么这些“生产线”可以顺利运转，使皮肤看起来有光泽。

我希望，通过上文的讲述，你现在已经能够意识到你的“皮肤问题”不仅仅是“皮肤问题”。好消息是，虽然大脑可以作为一种强大到令人难以置信的“武器”，对身体造成伤害，但在运转正确的前提下，它也是扭转这些状况和改善皮肤状态的一个重要资源。我们会在第二部分讲到通过思维改变皮肤状况的一些具体“工具”。但是，现在我们先来看看如何通过外用疗法来解决皮肤问题吧。

第 4 章

你真的懂护肤吗

聊聊过度清洁等错误的护肤观念

我要先坦白一件事：我的皮肤无论是 20 岁的时候还是现在都不是完美的。我喜欢待在户外，但我也不是每次都做好防晒措施再去晒太阳的。我曾经也会涂上婴儿油出门，希望自己也能像我的一些朋友那样晒成古铜色皮肤。这样有用吗？完全没用，我依旧还是那个金头发、蓝眼睛、皮肤白皙的我，而且还有雀斑！我小时候也不太懂防晒霜，我妈妈也不懂，所以经历了几次头皮晒伤后，我开始戴帽子，涂那种泛白的氧化锌防晒霜，还会在泳衣外面套上长袖衫。

随着我日渐长大，我也有了更多的智慧和经验。我出去晒太阳时不再仅使用婴儿油了。我知道了白 T 恤的防晒系数约为 5，但白 T 恤也不是一个解决方案。我现在明白了我该如何平衡对阳光的热爱和对健康皮肤的热爱。我也在践行我在本书中所说的理念，并已经解决了因日晒、银屑病和成人间歇性痤疮而导致的皮肤过早老化的问题，有效控制了这些皮肤问题的出现。所以，请放心，我自己也是按照本书中提供的方法在照顾我的皮肤的！

从阳光过度照射的青年时代到现在，我的日常护肤方法也经历了许多转变。当我对我的患者说不要频繁洗脸，不要使用搓澡巾，即使是公共场所也不要再往手上抹抗菌凝胶时，他们往往都会感到吃惊。

当他们一开始来找我问诊时，如果我问他们关于皮肤护理的正确方法，其实他们中大多数人的得分都会很低。但是，当你读完这一章的时候，你就能在这个“考试”中取得好成绩。在这一章中，我会揭示那些护肤误区，并且告诉你护肤的真正奥秘。

到2020年[①]，全球护肤市场的市值将从2015年的1 330亿美元上升到1 790亿美元。数值上升背后的一大驱动力就是人们护肤意识的增强。如今，在这个皮肤癌发病率飙升、自拍成为常态的时代，无论是年轻人还是老年人都比原来更加认识到皮肤保养的重要性。随着科学的进步，皮肤护理也不再局限于外部的清洁和保湿，它也包括使用外用益生菌和精华素等，从而更好地保护皮肤的微生物组。

随着了解不断深入，你会发现皮肤不仅是一个物理屏障。它是我们身体的恒温器、遮阳伞、减震器、绝缘体、伤口治疗器，也是我们免疫系统的关键部分，这个作用最重要。说到我们的免疫系统，我们一般想到的是白细胞和淋巴组织，但现在随着研究的不断深入，越来越多的人开始将位于表层皮肤和皮肤深处的那些有益微生物也看作免疫系统的组成部分。所以，如果这些菌落的平衡被打破或者皮肤的屏障被破坏，那麻烦也就来了（就像肠壁会“渗漏”一样，皮肤也会“渗漏”，导致炎症和免疫系统紊乱）。

人类的皮肤就是一个真实的生态系统，里面包含了许多我们肉眼无法看到的生命形式，如细菌、真菌和病毒等。这其中大多数的微生物是有益的或者无害的，但是也有一些会导致痤疮、玫瑰痤疮、银屑

① 原书成稿于2018年。——编者注

病和湿疹等皮肤问题的细菌。若想更好地理解这其中的联系，关键就在于要调查不同皮肤部位的微生物组的多样性。例如，为什么银屑病往往会出现在肘部或者膝盖这些较为干燥且平时暴露在外的部位，而湿疹则通常出现在手肘内部或者膝盖内部这些潮湿的部位呢？此外，除了汗液之外，皮肤还会生成维生素 D、激素、皮脂、蜡和色素，这些都是我们生存所需要的物质。

皮肤所承担的多种职责也使其注定成为一个独特的“器官”。它可以说是所有器官中最活跃、最勤奋的，所以这也就是为什么维护肠道－大脑－皮肤轴会如此重要。如果你不从内而外地纠正错误，那么世界上的任何面霜都不会起作用。当然，我并没有否定洁面霜和保湿霜的功效，也没有否认过皮肤科医生和必要的处方产品的作用。我只是希望你能由内而外地照顾好你的皮肤，当然我也希望你能由外而内地照顾好它。这也是实现你真正的美肤目标的唯一途径。

在我们开始护肤计划之前，先让我们来更深入地了解一下我们皮肤的层次和主要结构、运作方式、愈合和更新过程以及它在我们生活中的重要作用。

“解剖”你的皮肤

皮肤的主要职责就是成为你的身体与外界之间最大的“看门人”之一。我们也是通过皮肤感受到触觉的美妙的。此外，皮肤也是少数几个可以自我再生的“器官”之一。皮肤会丢弃死掉的细胞，并且生长出新的细胞来取代原来的细胞。也就是说，每 4 ～ 5 周，你的皮肤便会长出一层新的外层。

从结构来看，皮肤是一个多层的器官。为了帮助你更轻松地理解这个问题，我们也可以把皮肤想象成一个制造工厂——一栋几层楼高的建筑。它生产许多东西，所以它需要物资、能源、员工以及高效的装配线。虽然皮肤表面上看起来是由一种细胞组成的，但实际情况远非如此。皮肤需要大量的化合物，包括蛋白质、氨基酸、维生素、微量矿物质、抗氧化剂、脂肪、水，甚至糖（健康的量），来完成它所有的功能。为了保持平稳运行，它必须保持其结构完整和健康。皮肤是一台需要经常保养的“机器”，随着年龄的增长，需要的保养也会越来越多。就像任何机器一样，随着时间的推移和持续（无时无刻）地使用，它的一些性能会逐渐丧失，如果你不保养，损失会更大。

皮肤“工厂”的“地下室”

在皮肤这座“建筑”的底部是一层脂肪，我们称之为皮下脂肪。皮下脂肪为皮肤提供了保护衬垫，隔绝热和冷，并能够储存能量。在皮肤自然老化的过程中，皮肤的脂肪层会收缩，这就是老年人比年轻人更能感受到冷热的原因，而且他们的脸颊通常没年轻人那么饱满。

此外，皮肤的“地基”也是汗腺起始的位置，它会向上延伸分支到达你的皮肤表面。汗腺能够帮助我们过滤掉水和包括盐在内的电解质。汗腺也是你个人“空调系统”的重要组成部分，使你不会过热。随着汗水的蒸发，你的身体也能逐渐冷却下来，从而恢复理想状态下的核心温度（即 37℃）。

淋巴和血管也是皮肤“地基”的一部分。这些重要的血管扮演着许多角色，包括传递信息和营养以及清除废物和运输所需物质来解决开放性伤口、溃疡和感染等问题。

皮肤“工厂”的中间“楼层”

双层真皮层是皮肤最大的组成部分，约占皮肤质量的 90%。除了容纳血管、淋巴管和神经末梢外，它还提供了一些“建筑”元素用于增加结构和弹性。真皮的基础结构由一种坚韧的结缔组织支撑，这是一种由胶原和弹性纤维组成的网状组织，由附近被称为纤维母细胞的细胞不断产生。随着年龄的增长以及各个部位的老化，其“生产”也会逐渐减慢。

真皮层的两层组织营养丰富，也是其他许多重要物质的重要“家园”，它们也有助于保持皮肤年轻。真皮层由大约 60% 的水和凝胶状的各种分子组成，可以滋养和留住水分，这也充分说明了它的作用。此外，这也是皮脂腺的所在。你可能已经猜到了，皮脂腺会产生皮脂，它能帮助皮肤保持柔软和弹性。当然，当分泌过多的皮脂而堵塞毛孔时，会引发痤疮。

毛囊也是起源于真皮层，糖胺聚糖（GAG）便会在那里游荡。GAG 是一种亲水多糖（一种碳水化合物），能够帮助皮肤保湿并促进胶原蛋白的生成。在胶原弹性蛋白网状结构中最主要的 GAG 是透明质酸，如今的许多外用护肤产品中都含有该物质。透明质酸能够将胶原弹性蛋白网结合在一起，帮助皮肤保持水分。透明质酸的含量也会随着年龄的增长而下降，所以你的皮肤会逐渐变得不那么柔软，并且容易干燥。

当我们看到一个人明显变老时，无论是自然变老还是过早衰老，不管由于哪种因素，如暴露在紫外线辐射下、环境污染、不良的饮食习惯，我们所看到的大部分变化都是发生在真皮层。在这一过程中，纤维母细胞数量会减少，从而导致胶原蛋白流失。如果你经常“使用”你的皮肤——微笑、大笑、皱眉、挑眉，这些都会产生影响，导致产生更多的皱纹。这些皱纹会随着皮下脂肪的减少而加深。

随着年龄的增长，激素的变化也会影响皮肤。更年期后，雌性激素的减少以及分泌皮脂和汗水的减缓都会导致皮肤干燥。此外，血管作为传递营养和水分以及排除细胞废物的重要器官，随着年龄增加，其数量也会不断减少，从而可能会导致皮肤暗沉。如果营养和废物之间的循环不像以前那么活跃，皮肤就无法自我更新或保持适当的营养和水分，衰老的迹象就会开始显现。晒伤和吸烟则会进一步加剧这种情况。紫外线会导致血管壁增厚。当这些血管扩张时就会显现出来，你所看到的位于皮肤表层下面的真皮层的那些细红丝线就是血管。至于吸烟，估计你已经知道吸烟对你的皮肤（以及身体各个部位）的危害。事实上，准确来说，烟草的烟雾是通过有毒的副产品进入血液到达真皮细胞进而从内部影响皮肤的，它也从外部影响皮肤，这是因为我们的表皮组织会直接接触烟草的烟雾。吸烟者的皮肤很容易辨认，因为它看上去大多是苍白且衰老的。吸烟会让皮肤由内而外地窒息，无法获得皮肤急需的营养、氧气，无法完成水合作用。

皮肤“工厂”的顶层

接下来让我们“坐电梯”来到表皮层。表皮层作为皮肤的最外层，会直接暴露在外。表皮层会吸收水、光和热，同时阻隔污垢、细菌和毒素。表皮层中还有大量名为角质细胞的特殊细胞。角质细胞，顾名思义，能够产生角蛋白——头发和指甲的主要构成物质，是一种同样坚硬的防水蛋白质。角质细胞产生于表皮层的底部，当它们上升到表皮表面时会变平，会在那里死亡并形成一道屏障。这层死细胞就被称为角质层，也就是我们可以触摸到的这层皮肤。

除角质层外，表皮各层均有一种“士兵”状的细胞，它名为朗格汉斯细胞。这些细胞是皮肤免疫系统的重要组成部分，因为它们能检测到外来物质。由于它们对免疫系统具有重要作用，所以它们也存在于呼吸道、消化道和泌尿生殖道中。但是它们的作用并不是发出警报或者引发人们的感染或炎症反应，而是降低免疫反应的程度以及保持稳定。正如你所知，皮肤整天受环境的“摆布”，但环境对皮肤的大多数影响实际上都没有造成伤害，也没有引发免疫反应。这是因为朗格汉斯细胞会不断地阻止免疫系统像一个过度敏感的小孩一样“乱发脾气”。2011 年，人们发现这种细胞与皮肤的微生物组有一种独特的关系。这些位于皮肤外层的重要免疫细胞不仅能防止我们产生不必要的免疫反应，避免各种皮肤病，还能阻止免疫系统攻击有益细菌。它们帮助皮肤的微生物组保持适当的平衡，达到最佳健康状态，进而改善皮肤的外观。之后，我还会给你介绍一种能保护朗格汉斯细胞的细菌（可作为口服益生菌服用）。

另外，决定肤色的黑色素细胞也存在于表皮层中。这种细胞会产生黑色素，在你过度暴露于紫外线后会产生，使皮肤变暗（也就是晒黑），从而保护皮肤的 DNA 免受过多紫外线的伤害。但是，这种类型的黑色素对于那些皮肤白皙的人来说几乎没什么用，无法防护紫外线。所以，像我这样的皮肤白皙的人很容易就会出现晒伤问题。随着年龄的增长，皮肤中的黑色素细胞数量会减少，这意味着越年长的人就越容易受到紫外线的影响。我们的表皮层也会在年龄和周围环境的影响下逐渐褪色。年龄越大，你就越有可能出现褐斑，甚至白斑，皮肤整体也会变得苍白。随着年龄的增长，你的表皮层会越来越薄，它对来自外部世界的潜在入侵者和毒素的阻隔作用也会逐渐减弱，同时对水分的阻隔作用也会降低。

对皮肤微生态有益的“虫子”

2013 年，皮肤学领域的规则被改写了。在我 2011 年发表论文描述了皮肤外观受肠道和肠道微生物组的影响后，又出现了许多学者研究皮肤“微气候”的影响——主要关注皮肤自身的微生物组，并且有了一些惊人的发现。科学界就是如此，许多事情只需要有一个论点明确且实验方法科学规范的研究出现，就能够彻底颠覆大家先前的传统认知。我们过去一直认为皮肤的微生物组主要活跃在表层，而深层的真皮层相对无菌。但是现在得益于美国加利福尼亚大学圣迭戈分校的科学家们的深入挖掘，我们对此有了更多的了解。研究表明，微生物组其实一直存在于皮下脂肪中，而且这里才是微生物组与我们的免疫系统交流最密切的地方。

虽然皮肤上有上万亿个生物体存在，但是和在肠道中一样，细菌在皮肤上也占据着主导地位。皮肤上有超过 1 000 种不同的细菌、80 多种不同的真菌（据一些学者估计）、大量的病毒和少量的螨虫。我们的皮肤相关淋巴组织是高度活跃的。你可以把你的皮肤相关淋巴组织想象成皮肤内的局部淋巴系统，它包含淋巴细胞，帮助保护身体免受有害的外来颗粒和碎片的伤害。事实上，每平方厘米皮肤上都含有超过 100 万个共生的细菌和超过 100 万个淋巴细胞，细菌和淋巴细胞的比例达 1∶1。

皮肤的微生物组也与肠道类似，虽然长期来看它会保持在相对稳定的状态，但是它也会根据其位置（或生态位）而变化。例如，人体腋下的菌群和背部的菌群就是不同的。菌落的变化还取决于光照量、pH 以及该区域的状态，如潮湿、温暖、干燥、多毛、油腻等。年龄和性别也有一定影响，可以改变微生物组成。细胞活跃的青春期女孩与不经常运动的绝经后妇女或中年男子的微生物组就非常不同。

我们现在对皮肤微生物组的了解还停留在初步阶段，未来将进一步研究它在皮肤表面和深层表皮下发挥的作用如何影响身体其他部分。皮肤微生物组和一般免疫系统之间最紧密的交流可能发生在皮肤的皮下腔，一些研究人员也因此将皮肤深层的微生物组称为“宿主本地微生物组”。新的研究还揭示了一个人的微生物状况，即皮肤上细菌的总体平衡与各种皮肤病的密切关系。在 2017 年召开的微生物学会的年会上，美国加利福尼亚大学洛杉矶分校医学院从事分子和医学药理学研究的艾玛·巴纳德博士介绍了她的团队在这方面所取得的一些成果，令许多在场的参会人员大开眼界。她指出，特定的细菌菌株的存在或缺失是产生痤疮以及保持皮肤健康的一个重要影响因素。例如，一直以来，科学家们都认为痤疮丙酸杆菌与痤疮有关系，但是这种细菌无论是在健康皮肤的人的毛囊中，还是在痤疮患者的毛囊中，都是最常见的一种细菌，所以目前学术界对其还没有完全了解。那么，会不会是因为痤疮丙酸杆菌的种类不同，对皮肤的影响就不同，从而决定一个人是否会患痤疮呢？好像确实如此。

巴纳德和她的研究小组在药店购买了一些非处方的毛孔清洁棉条，并用这些棉条收集了 72 名测试者的皮肤毛囊样本，其中 38 人为痤疮患者，另外 34 人则未患痤疮（诚然，这个实验的样本数很小，但是它为研究者提供了新的见解，并且也打开了通往未知领域的大门）。研究小组随后使用了精密的 DNA 测序分析技术鉴定并比较了两组测试者的皮肤微生物组的构成。此外，他们又找了 10 名测试者再次重复了这一实验。结果非常惊人，研究人员发现两组实验对象的痤疮丙酸杆菌菌株之间存在细微的遗传差异。

他们发现在没有痤疮的那一组测试者的细菌群落里面有较多的与细菌代谢相关的基因。因此，科学家们认为这就是防止有害细菌“定居”皮肤的重要因素。相比之下，在另一组患有痤疮的测试者身上，细菌中与痤疮相关的基因含量则更高，包括那些与促炎化合物的产生和运输有关的基因，因此更容易生成对皮肤有害的细菌。

巴纳德博士的结论反映了皮肤学的一种新思维，摆脱了治疗痤疮的局限：“了解皮肤上的细菌群对制订个性化的痤疮治疗方案至关重要。我们不应该杀死所有的细菌，因为那样也杀死了有益的细菌。我们应该把重点工作放在消灭有害细菌或增加有益细菌上，从而使微生物区系处于平衡、健康的状态。”这也同样适用于其他皮肤病。

一个健康的皮肤微生物组具有许多功能。首先，它可以像良好的肠道微生物组一样，通过抑制致病（有害）微生物的过度生长来抵御感染。皮肤上的微生物还会产生酸性环境（即 pH 约为 5 的环境），这也会抑制更喜欢碱性环境的病原体的生长（注意，有害细菌在碱性较强的环境下危害更大，而一些肥皂的 pH 能达到 10）。

其次，皮肤微生物组还会与皮肤的免疫系统进行“对话”，从而控制炎症。当微生物组异常时，免疫系统会释放各种抗菌肽来帮助其恢复平衡。同样，我们体内的有益细菌也能抑制免疫系统中炎症化合物的释放。通过这种方式，像肠道的微生物组调节我们的免疫系统一样，皮肤微生物组也能控制我们皮肤的免疫系统。皮肤微生物组还有助于伤口愈合，防止皮肤过度暴露于过敏原和紫外线辐射下，并能使氧化损伤程度减到最小，保持皮肤的饱满和湿润。这对一群肉眼看不见的“小虫子”来说可谓是任务艰巨了。

还记得在前文中我们说过的婴儿出生时接触的那些菌落的作用吗？我们说这些菌落能够帮助新生儿建立其肠道微生物组，并且会对该婴儿的终生健康产生影响。这一原理放在皮肤微生物组上同样适用。研究人员最近在老鼠身上进行了一项新研究，结果表明，婴儿在早期，皮肤微生物组仍在发育，不会受到身体主要免疫系统的攻击，这是因为它正在参与建立所谓的耐受性。人体的免疫系统会学习接受新环境并与皮肤微生物组共存，据科学家推测，这一点能够降低日后自身免疫性疾病的发病率，因为免疫系统可以分辨清楚哪些是真正外来的有害物质，而哪些又是免疫系统自身的一部分。

然而在婴儿时期，任何损害皮肤微生物组的东西，如常规的广谱抗生素，都可能阻碍这种耐受性的发展，从而使人体出现自身免疫问题以及其他健康挑战。例如，患有慢性耳部感染的孩子在早期发育中可能需要连续几年不断服用抗生素，而这些强大的药物不仅会破坏肠道的微生物组，还会破坏皮肤的微生物组。有些时候这些变化是暂时的，皮肤和肠道菌群可以恢复正常（每个人的正常状态是不同的）。但如果抗生素的使用过于频繁，便会严重影响孩子体内的微生物属性，从而增加孩子患上自身免疫性疾病或者过敏症的风险。所以，如果你觉得这段描述与你的经历很像，或者说你现在就患有某种自身免疫性疾病，那么很有可能就是在你早期发育过程中免疫系统紊乱导致的。我也会给你提供解决方案，帮助你优化身体的整体机能，使其可以正常运转。

正如我在前文中提到的，偶尔“脏”一点也是有好处的。如果你或者你的家人有过敏史，那你可能听说过“卫生假说”这个理论。1989 年，英国流行病学家戴维·斯特拉坎首次提出，孩子在童年时期有过感染史可以预防其在成年后出现过敏。过敏其实就是免疫系统脱离了正常状态，将无害的物质当作了主要攻击对象。现在有大量证据表明，在过度清洁的环境中（多出现在发达的工业化国家，特别是在中上层阶级社区）长大的人患上自身免疫性疾病和过敏症的风险高得多。如果在早期成长阶段免疫系统没有经历过一些适当的挑战，如接触感染源、良性微生物或者寄生虫，那么其就无法得到充分的发展，也就更容易出现过敏反应。也就是说，早期成长阶段如果处理得当，本可以使我们拥有一个恢复力强且功能良好的免疫系统，但是由于缺乏与外界生物接触，免疫系统的自然发展反而受到了抑制，导致出现许多“小故障”。这也就解释了为什么一些出生在传统农场（非工业化农场）的孩子能够建立起强大的免疫系统，对抗包括寄生虫在内的病原体。而生活在大城市中，平日很少受细菌侵扰的孩子反而更易出现免疫系统紊乱，患上各类自身免疫性疾病，从而攻击体内的无害物质甚至自己的身体。

清洁与过敏之间的联系

皮肤科有一个词经常出现，那就是所谓的“特应性进行曲”（也称为“过敏进行曲”），这一现象的出现也与“卫生假说”有关。

人类从出生到 6 个月这段时间常出现特应性皮炎（湿疹），然后 2 ~ 4 岁时开始出现哮喘，最后到学龄时常犯过敏性鼻炎（花粉热）。有时在这一过程中还会出现食物过敏。随着近年来患有以上一种或者多种疾病的人越来越多，且大多数为儿童，这也引起了科学家们的重视。经调查，许多科学家发现儿童所处环境的过度清洁是造成这种情况的原因之一。我相信今后的研究也将证实这一点，不过目前至少一件事是明确的：过度执着于消毒杀菌且试图生活在无菌环境中不仅会患上严重的皮肤病，还会出现其他许多健康问题。

所以，接下来，让我们来看看如何才能最有效地保护皮肤微生物组。对皮肤微生物组损伤最大的便是如今市场上销售的那些刺激性极强的肥皂、消毒剂、清洁剂和抗菌剂等清洁物品。“卫生假说”认为，过度清洁和使用抗生素会破坏肠道微生物组，从而增加患上过敏症和自身免疫性疾病的风险。但这并不是这一假说的全部内容，从逻辑上来讲，这一假说也同样适用于皮肤。当你过度清洁或消毒，或者使用过多抗生素（在消灭“坏人”的同时也杀死了“好人”）的时候，你也同样会面临皮肤微生物组失衡（出现“皮肤失调”）以及一系列皮肤问题。

我觉得讲到这里差不多就涵盖了皮肤生物学的基本知识了，现在你已经对皮肤的复杂结构有了一定的了解。皮肤和它的微生物组共同组成了一个具有强大活力且作用重大的“器官”。这一“器官”承受力很强，它也必须如此，因为它要一直接触外界环境。但是，如果我们没有对其进行正确护理，它也很容易受到损害。

我想问你一些问题：你还记得你最后一次看到（或者使用）手部消毒液是什么时候吗？你会在包里或者车里随手放一瓶消毒液吗？你是否每天都要多次使用这种消毒液，甚至到了手部感觉不到这种凉凉的液体就觉得手很脏，或者有手在“裸奔”的感觉？这些消毒凝胶、泡沫或者液体确实非常方便省事，你可以随时随地带着它们，在周围没有自来水和肥皂的时候可以使用它们来消毒。但是，这些消毒用品对皮肤其实是危害很大的，它们会损害皮肤的屏障功能以及皮肤微生物组，并且还极具危险性。研究表明，相比于传统的用温和的肥皂和水洗手的方式，这些消毒产品在预防或者降低感染方面则差很多，而且其中的一些成分所造成的伤害甚至比我们目前意识到的还要大。以三氯生为例，三氯生是卫生产品中常见的一种成分（你可以看看你的牙膏的成分表），但是大多数的肥皂其实都是禁止使用三氯生的。这是为什么呢？据美国食品药品监督管理局（FDA）的说法，三氯生可能会导致激素紊乱，使细菌逐渐适应并进化出抗菌特性，从而导致越来越多的抗药菌株的出现。这也引发了我的思考：除了三氯生外，这些手部消毒液中还有哪些成分是有害却还没有被禁用的呢？

大家也别误解我的意思。不可否认，过去一个世纪以来，卫生和清洁的行为方式极大地改善了我们的健康水平，其中勤洗手是很重要的一个举措。但问题是目前的一些清洁举措做得太过了，我们不仅长期接触这些有害的化学物质，而且还认为“越多越好”，经常过量使用以进行全身清洁。但这其实是不对的。为了证明这一点，让我们先来了解一下益生菌对皮肤健康的影响，这里的益生菌包括口服的和外用的两种。这不仅是这项研究本身的意义所在，也揭示了令人振奋的科学真相。

第5章

益生菌的力量

为何益生菌将成为新式“抗生素”

人类与细菌的斗争漫长而又艰难，从古到今一直冲突不断。14世纪，由鼠疫耶尔森菌引起的黑死病肆虐欧洲，在短短5年时间里导致欧洲近1/3的人死亡（中世纪的人们并不知道究竟是什么造成了这场瘟疫的发生，各种谣言也甚嚣尘上，有人认为是神的惩罚，甚至还有人认为是“痘痘”中的脓液导致的）。2014年有学者估计，到2050年，全球因细菌而死亡的人数将达到每年1 000万人，并且会超过因癌症而死亡的人数。

几个世纪前的人们还没有抗生素来对抗这些致命的细菌感染，甚至不知道细菌的存在。直到17世纪晚期，一位名叫安东·范·列文虎克的荷兰商人、科学家出于好奇而做了一个小型实验来观察自己的牙菌斑，这才第一次发现了细菌。列文虎克当时把这种神秘的单细胞有机体称为“微动物”（字面意思就是“微小的动物”）。他也因此毫无疑问地有了“微生物学的开拓者”的称号。列文虎克所在的那个时期同样也是科学革命的时代。当时许多欧洲探险家热衷于探险，并在美洲开拓殖民地，欧洲也因此兴起了科学探索的热潮，科学家们对于自然界有了新的认识。于是，17世纪末期有了对数、电学、微积分、牛顿定律、伽利略的观测以及列文虎克发明的更精密的显微镜。但是，细菌的传染性和抗生素在这一时期并没有被科学家们发现，而是又过了几个世纪，才偶然被科学家发现。

20 世纪初以来，抗生素挽救了数百万人的生命，但是我们现在也面临着新的问题。由于过去 50 多年来对抗生素药物的滥用，我们催生出了许多具有抗药性的超级细菌。一些人认为，超级细菌这一问题的严重性与气候变化不相上下。2016 年，联合国就该问题召开会议，并在一项历史性协议中承诺处理抗生素耐药性的问题。美国食品药品监督管理局也担心那些含有抗菌成分的产品会导致耐药菌株越来越多，所以开始禁止某些产品的生产与销售。

西方国家对卫生的痴迷使得情况更加糟糕。如果你观察你的周围，会发现到处都是消毒用品。公共洗手间里的肥皂大多是抗菌的，公共场所到处是消毒后的漂白剂残留，城市水源也会用氯进行净化。你每天都在接触这些化学物品，它们在不断损害你的皮肤和皮肤微生物组。即使是每天洗澡这个习惯也会使你的皮肤更加脆弱。但是大家也不需要惊慌，我不是要大家不洗澡，我只是提醒你如何更加安全地洗澡。你能做的有很多，如选择在家里使用哪种肥皂以及了解如何在公共场所避开抗菌剂。

虽然很多人仍然认为细菌是死亡的媒介，但现在我们应该认识到细菌在我们生活中的另一层意义。毕竟，细菌是地球上最原始的“居民”之一，甚至比人类出现早了数十亿年。虽然有害细菌的确存在，但有益细菌也有很多，它们是至关重要且无害的，能够让我们拥有健康的生活。因此，更好地维护这些有益细菌，让它们能够发挥功能不仅是战胜超级细菌的唯一途径，也是我们恢复皮肤健康的唯一途径。

在我强调有益细菌对皮肤产生的作用之前，我想先重申一些重要的事实，以便你能了解益生菌在维护身体微生物组方面是多么强大。我们说过微生物组能帮助人体控制很多生理机能，尤其是免疫系统。这些微生物表面的蛋白质就像天线一样可以接收信号，它们所生成的物质也可以与细胞相互作用，人体内的这些微生物就是通过这些方式参与到许多生理机能的运作中的。它们能够与细胞，甚至 DNA 进行交流。它们不仅与人体的主要系统协作，还能影响 DNA 的表达。这听起来有些难以置信，但事实确实如此。微生物组能够控制基因的表达，这些基因涉及多种生理过程，包括营养吸收、能量代谢、肠道屏障功能、免疫和炎症反应等，同时也意味着它们对你是否会患上皮肤病产生极大影响。

另外，在我们继续讲解下一个问题之前，我还想再补充一点信息。这一信息来自马丁 · 布莱泽博士的一项研究。作为美国纽约大学负责人类微生物组项目的主任，布莱泽博士研究了微生物组的形成过程及其早期形成过程中的干扰因素会对人体带来哪些健康挑战。布莱泽博士的妻子玛丽亚 · 戈莉娅 · 多明格斯 - 贝洛博士也是美国纽约大学的一名研究人员，夫妻二人合作研究后发现微生物组受到损害或不平衡的儿童在成年后患上许多疾病的风险更高，如过敏症、糖尿病和肥胖。此外，他们对肥胖症领域的相关研究内容很有趣，并且令我受益匪浅。他们及其研究团队证明了长期过度使用抗生素会对微生物组有不利影响，从而导致肥胖。由于抗生素在我所从事的领域仍然是许多治疗方法的首选，所以这一发现无疑将改变我们的工作方式。

布莱泽博士发现，当年轻的老鼠接受低剂量的抗生素时，它们比没有接受抗生素的老鼠多了 15% 的体脂。在另一项研究中，他给老鼠提供了高脂肪的饮食加抗生素，从而导致这些老鼠变胖。而对照组的老鼠同样食用高脂肪食物，但不服用抗生素，结果并没有变胖（服用抗生素的雌鼠情况更糟，在同样食用高脂肪食物的情况下，它们增加的体脂量是未服用抗生素的雌鼠的两倍）。抗生素会改变肠道细菌的组成，导致促进体重增加的菌株增加。皮肤科医生经常使用低剂量的抗生素来长期治疗玫瑰痤疮等皮肤病。与大剂量抗生素相比，医生认为小剂量是更安全的选择，因为小剂量可以限制耐药性的产生，并且降低产生其他常见副作用的风险，它们的功效更多在于抗炎而非抗菌。但是，现在我们看到了抗生素对动物的影响，我们也开始面临一个新的认知时代（没错，农民饲养牲畜的方式就是使用抗生素杀死牲畜体内的有害细菌，同时也改变它们的微生物组，进而改变它们的新陈代谢，让它们长得更快）。在未来，益生菌很有可能会取代过去医疗的主角——抗生素，成为治疗皮肤病的重要工具。

益生菌的好处

口服或者外用益生菌都可以对皮肤的整体健康产生以下影响：

- 对抗肠道或者皮肤上的有害细菌。
- 维护肠道或者皮肤的屏障功能。
- 帮助控制炎症和氧化应激，从而促进调节内、外部的免疫系统。
- 帮助维持至关重要的肠道 – 大脑 – 皮肤轴的平衡。

皮肤学的下一场革命

2015 年，我和我的同事玛丽 – 玛格丽特 · 科贝尔博士合作发表了一篇论文，总结了各种益生菌在治疗皮肤病和抗衰老方面的有效性。通过益生菌来治疗皮肤病的相关研究也越来越多，出现了很多有趣的新发现。人类临床实验和动物研究已经提供了足够的数据，说明了益生菌在分子水平上的作用，从而强有力地证明了它们在治疗一系列皮肤病以及减缓衰老方面的功效，即对外在皮肤状况恶化和内在器官的衰老方面都有减缓效果。有些菌株甚至表现出了在治疗痤疮、玫瑰痤疮、泛红、皮肤干燥和湿疹等病症上的潜力。

目前，学术界试图解决的问题是如何才能充分利用益生菌。换句话说，是应该外用、口服还是组合使用？哪种菌株最有效？利用益生菌和其他成分来增强皮肤的屏障功能是理想方案吗？考虑到研究的现状和发展方向，我认为口服和外用益生菌相结合比较好。接下来让我们从外用益生菌开始，一起来探研一下这门极具前景的新科学吧。

外用益生菌的功效

用搜索引擎搜索“益生菌护肤”这一词条，短短 0.72 秒就会出现近 100 万个结果，可想而知这一话题在美容圈和健康圈的火爆程度。大部分化妆品和护肤公司都在开发益生菌面膜、乳霜、喷雾和洁面乳。为什么？因为益生菌护肤已经能把那些坏细菌“吓跑”了。在很多方面，益生菌是新型抗生素，也是无数皮肤问题的新型解决方式。

另外，从科学角度来讲，目前许多研发人员在思考我们是应该使用活有机体（即活细菌）还是依靠微生物提取物（如抗菌肽和天然维生素，统称为“上清液”）来达到效果。对此，我认为可以利用活细菌，让它们生长繁殖，然后替换皮肤上原有的那些细菌。或者你也可以在罐中培养这些细菌，然后提取这些细菌通过新陈代谢所分泌的有效成分，如上清液。现在越来越多的人使用这些细菌代谢的副产品，称为“后生元”，其中有些后生元对人类健康具有积极的影响。后生元还包括一些加热灭活的细菌、细菌碎片和溶解后的细菌。要溶解细菌，一是可以通过物理方法，摇晃使其溶解；二是可以通过化学方法，添加一些类似洗涤剂的成分来将其分解。通过以上步骤溶解后，便可以将细菌溶解液添加到护肤产品中了。溶解液中包含细胞壁和一些 DNA 片段，能够改善皮肤的健康状况。目前，相关技术的研发也处在爆炸式进步的阶段，许多大型护肤品公司的顶尖科学家都在探索如何最大限度地发挥功效。

那么，使用外用益生菌后到底对皮肤有哪些功效呢？它们其实是模仿了皮肤上自然产生的细菌的作用，其功效主要有 3 个方面：一是它们是具有镇定作用的“防护罩”，二是它们为皮肤对抗有害细菌提供了“武器”，三是它们增强了皮肤的功能。总体来说，这些作用有助于减少炎症，进而抑制皮肤泛红问题，并且防止过早老化。接下来我将详细解释一下这 3 点。

益生菌是具有镇定作用的“防护罩”

首先，外用益生菌可以引起所谓的细菌干扰。也就是说，它们能通过干扰有害微生物而激发免疫反应，从而保护皮肤。本质上来说，益生菌其实是“看不见的”，因为它们无法分辨有害微生物和其他可以激发免疫反应的病原体。痤疮和玫瑰痤疮患者之所以发病，是因为患者的身体将皮肤上的活微生物看作外来的有害生物体，所以做出攻击反应。而这些患者的免疫系统也会因此立即行动起来，以对抗这些所谓的潜在威胁，从而导致了炎症、红肿或者痤疮病变。

在继续讲解下面的内容之前，我想先澄清一些关于痤疮和玫瑰痤疮的疑惑。你可能还记得，前文中我们提到的痤疮丙酸杆菌会引发炎症，也是造成痤疮的主要原因之一。与之类似，有一种蠕形螨属的微小寄生螨，当其数量超过正常水平时也能引起玫瑰痤疮。所有人的皮肤上都有蠕形螨，它是我们面部皮肤的常见“居民”，但是玫瑰痤疮患者面部的蠕形螨数量往往是健康受试者的15 ~ 18倍。然而，这些螨虫和传染病并不相同，你无法通过两周的抗生素治疗就将它们消灭。它们一般也不是造成皮肤问题的唯一因素。痤疮丙酸杆菌本身不足以引起痤疮，蠕形螨也不足以引起玫瑰痤疮。它们只是其中一个因素，而引起皮肤问题的原因非常复杂，甚至你皮肤中的免疫细胞的活跃度也会对其产生影响。

外用益生菌可以通过接触皮肤而为皮肤细胞创造一个平和的环境。我们也可以把它想象为照顾孩子的过程，当孩子焦虑的时候，你会给他盖上一条温暖的毯子，然后轻柔地拍打他的背，告诉他一切都会好起来的。这种舒缓平静的环境能让孩子感觉世界并非那么危险。这同样也适用于皮肤细胞，当我们将益生菌涂抹在皮肤上时，这些有益的细菌可以安抚皮肤细胞，让它们不会对所谓的威胁做出反应。换句话说，这些益生菌所产生的健康信号能够阻止皮肤细胞向免疫系统发送攻击信号，从而避免产生痤疮或者玫瑰痤疮。当涂抹的益生菌与该处的皮肤细胞结合后，便能产生并向皮肤深层发送一连串的分子信号。它们会打开“开心”信号，并且关闭小分子所传递的炎症信号，这些信号会告诉皮肤停止“战斗”。

举个例子，科学家们发现，在几组人类皮肤上涂抹某种副干酪乳杆菌后，这些益生菌能够抑制皮炎的出现。这种益生菌之所以能有此功效是因为它能够抑制 P 物质，P 物质是一种非常有名的与炎症相关的生物分子，由神经细胞和炎症细胞释放出来。由于 P 物质会增强炎症反应并产生皮脂，所以抑制该物质的产生也成为治疗痤疮的一种方法。此外还有一些临床实验评估了其他几种外用益生菌对于痤疮的治疗效果。其中一些实验是在面部持续 8 周涂抹一种含有粪肠球菌的洗剂。通过观察，科学家们发现，与使用安慰剂[①]（也就是不含该益生菌的洗剂）的人相比，使用了该益生菌的洗剂的受试者的痤疮减少了50%。在另一项使用植物乳杆菌的实验中，科学家们也有所发现，那就是这种益生菌同样可以降低痤疮病变的数量和程度，并且减轻红肿症状。此外，乳杆菌也能够减轻玫瑰痤疮症状。

需要强调的是我们现在还不知道导致玫瑰痤疮的真正原因是什么，但是一般来讲，这种疾病在成年后才会出现（通常在 30 ~ 60 岁），并且女性比男性更常见。玫瑰痤疮患者会经历许多痛苦，我前面所提到的那些传统疗法也无法治疗，反而会加重不安的情绪（不能吃辛辣的食物，不能喝酒，也不能压力太大），这些建议通常不

---

① 为了防止实验中的两组受试者受到心理作用的影响而导致实验结果出现偏差，研究人员往往会给实验组和对照组的受试者提供看起来相同的产品，并告诉他们使用的产品是一样的。其中，没有加入实验关键物质的那组产品被称为“安慰剂”。——编者注

能对玫瑰痤疮症状有实质性的缓解作用，但是益生菌现在给了我们治疗的方向。目前，科学家已证明用富含益生菌的开菲尔[①]制成的面膜对玫瑰痤疮的鼻部皮肤有舒缓功效。此外，开菲尔还有一个好处是它含有乳酸，可以抗衰老。

益生菌产生的物质可以对抗有害细菌

益生菌可以帮助对抗病毒和真菌等各种有害微生物，抑制炎症反应的产生。制造一些成分来抑制或者杀死有害微生物可以说是细菌生存策略中很自然的一环。想象一下，你身上的一些“好”细菌也会向它所处的环境——你的皮肤，发射一些微型“导弹”。这些微生物“导弹”一般被称为“抗菌肽”，它们能够打穿“坏”细菌，从而杀死它们。

科学家们目前正在努力探索哪些益生菌可以制造这种能杀死有害细菌的物质。2006 年，我与我的导师大卫 · 马戈利斯博士合作发表了一篇论文，揭示了细菌菌株分泌的某些物质会如何抑制痤疮丙酸杆菌生长，本文是第一批相关话题的论文之一。我们一起鉴定了一种特殊的细菌——唾液链球菌，它可以有效地对抗痤疮。唾液链球菌是口腔和喉咙中微生物组的重要组成部分，它能够分泌一种类似细菌素的抑制物质（BLIS），用于监视痤疮丙酸杆菌。除了抗菌活性，唾液链球菌细胞本身也可以抑制许多炎症，从而在免疫中发挥重要作用。

---

① 开菲尔 (Kefir) 是以牛乳、羊乳或山羊乳为原料，添加含有乳酸菌和酵母菌的开菲尔粒发酵剂，经发酵酿制而成的一种传统酒精发酵乳饮料。——译者注

你应该感谢你体内的唾液链球菌，因为它们帮助你避免了许多可能由有害细菌引起的耳朵或喉咙感染。

当我还在医学院读书的时候，我有一次看到了新西兰微生物学家约翰·泰格博士的文章，文章讲述了他在童年时期发生喉咙问题的经历促使他致力于探索解决儿童的喉咙问题。在那之后，在马戈利斯博士的指导下，我也开始痴迷于研究唾液链球菌。泰格博士发现一些唾液链球菌可以产生抗菌肽，能杀死喉咙中的有害细菌，如那些引起链球菌性喉炎的细菌（用专业术语来说，这种细菌叫作“酿脓链球菌”，也叫作“甲类链球菌”）。他的这一研究引起了我的极大兴趣，我想看看这种细菌能否用于治疗痤疮（别忘了，我那时可是个微生物迷）。事实上，我当时所做的就是到美国宾夕法尼亚大学的各个大学联谊会里采集样本。我甚至会跑到人家的派对上用棉签采集学生们的舌头和内颚的细菌样本。采集完之后我就在实验室里培养和测试这些收集到的菌株。结果我发现某些唾液链球菌菌株可以极大抑制痤疮丙酸杆菌！这些菌株可以产生一些小型“导弹”，从而阻止痤疮丙酸杆菌的扩散。最终，这项工作也使我获得了 BLIS 痤疮治疗法的专利技术。

尤其是在如今耐药细菌病原体的数量越来越多的情况下，这一发现显得尤为重要。痤疮丙酸杆菌现在越来越“狡猾”了，它会对现有疗法产生耐药性，产生基因突变。许多常用的抗生素治疗方法的作用也在逐渐减弱，因为细菌已经“反抗”成功了，它们的变化使我们的药物无法对它们造成伤害。这一点已经在痤疮耐药性菌株的患者中得到了充分的证明。他们的痤疮完全不受目前药物影响（换句话说，过去使用的能够神奇地清洁皮肤的抗生素洗剂，现在对一些青少年的皮肤完全没有任何效果)。所以，我们需要探索其他方法。此外，更严重的是当患者通过外涂抗生素治疗痤疮时，与其生活在一起的人也会在肠道和皮肤中出现更多的耐药菌株！这将会成为一种恶性循环，让每个人都更脆弱、更不健康。使用抗生素治疗痤疮的人发生上呼吸道感染的概率是不使用抗生素的痤疮的人的两倍。

此外，一些细菌菌株杀灭有害细菌的能力也可以应用于对其他皮肤病的治疗中。从我研究唾液链球菌以来，还有一些研究人员也在记录其他菌株控制皮肤微生物组的能力。例如，美国加利福尼亚大学圣迭戈分校的理查德·加洛和他的同事们目前已经发现了某些葡萄球菌菌株，它们天生便存在于人类皮肤上(以及我们的鼻子和嘴巴里)，它们产生的化学物质可以杀死有害的葡萄球菌——金黄色酿脓葡萄球菌。当金黄色酿脓葡萄球菌对传统抗生素产生耐药性时，患者可能会出现严重的皮肤感染，甚至死亡。1928 年，英国化学家亚历山大·弗莱明便是在研究金黄色酿脓葡萄球菌的时候发现了青霉素。这一细菌在皮肤微生物家族中比较常见，但它在湿疹患者身上则特别多。

目前，我们还不知道金黄色酿脓葡萄球菌数量过多究竟如何导致湿疹的产生，但是包括加洛在内的一些科学家认为这种细菌至少是致病的其中一个因素，它主要是通过引起炎症和引发过敏反应来产生湿疹的。此外，另外两种葡萄球菌——溶血葡萄球菌(A9)和表皮葡萄球菌可以有效地抑制它们的“邪恶双胞胎”金黄色酿脓葡萄球菌的生长，它们的抑制作用也同样适用于耐甲氧西林金黄色葡萄球菌(MRSA)。现在人们认为，像 MRSA 这样的耐药性微生物是导致全球每年 1 000 万人死于感染的原因之一。

这些科学家非常巧妙地进一步推演了他们的实验，创造了一种含有有效成分的益生菌面霜，并在湿疹患者的身上进行了测试。令人惊讶的是实验对象脸上的金黄色葡萄球菌数量减少了 90% 以上，有两个实验对象身上的该细菌甚至完全被消灭了。在一项类似的研究中，德国科学家发现了一种名为“路邓葡萄球菌”的微生物，这种微生物也可以在我们的鼻子上大量繁殖，并产生一种专门杀死金黄色葡萄球菌的化学物质。我们也期待着未来会有更多类似的发现，有越来越多的有益菌株可以用于治疗皮肤病。

这些具有突破性的研究对我们来说是好事，它们标志着一个新的抗生素时代的开始。在这个时代，我们需要依靠自己的微生物来保护我们的健康。今后，我们也会知道越来越多的相关知识，找到杀死有害细菌效果最好的益生菌菌种，帮助我们解决皮肤问题，改善皮肤健康状况。

益生菌增强皮肤功能

目前，许多证据表明外涂益生菌能够增强皮肤的整体功能，减少皮肤老化带来的影响。此外，它还可以帮助我们应对紫外线辐射等有害因素的影响。正如大家所知，紫外线一般被视为致人衰老的杀伤力最大的外在因素。随着年龄的增长，我们身体的防御机制变得越来越弱，皮肤中对抗自由基产生的那些机制也会减弱。如果我们不能有效地抑制这些自由基，它们将会破坏细胞结构，包括 DNA、脂肪和胶原蛋白等。事实证明，许多益生菌产生的物质不仅具有类似于抗生素的作用，而且具有抗氧化和清除自由基的特性。例如，一种凝结芽孢杆菌已被证明具有这种能力。当研究人员对一种乳酸菌进行基因改造以产生一种对抗自由基的物质时，他们发现这种细菌可以产生一种菌落，能帮助恢复自由基清除剂和皮肤中自由基产生之间的平衡。换句话说，这些益生菌通过保持自由基（“流氓”）和自由基战士（“反叛者”）之间的和谐来维持“和平”。

皮肤上的有益微生物还可以促进胶原蛋白的生成，增加皮肤水分，消除细纹和皱纹。事实上，嗜热链球菌和凝结芽孢杆菌都能促进皮肤中的神经酰胺的生成。神经酰胺是皮肤的重要组成部分，能够防止水分流失，保护皮肤基质，并保持皮肤的柔软和紧致。这种分子会随着人们年龄的增长而自然减少，所以这些细菌可以促进神经酰胺的产生，对皮肤来讲是一件好事。此外，植物乳杆菌也被证明有助于修复皮肤屏障，所以也成为治疗皮肤老化的可行方法。

健康皮肤的 pH 一般为 4.2 ~ 5.6，呈微酸性，这可以抑制致病菌的“定居”。这种酸性环境也有助于维持富含水分的环境，并控制酶的活性。通俗地说，就是能让你的皮肤保持柔软、强韧和水润。但随着年龄的增长，pH 开始改变。当你 70 岁时，皮肤的 pH 会显著上升，这会刺激某些酶的活动，从而分解蛋白质（如胶原蛋白），对皮肤产生负面影响。然而，益生菌可以通过产生酸性分子而将 pH 降低到最佳水平，使酶的活性可以恢复到接近年轻、健康皮肤具有的状态，使其功能更强，并且皮肤看上去也会更好。

关于外用益生菌的相关科学知识，我可以就这样一直讲下去。说这一领域正在爆发式发展都不过是一种轻描淡写的说法。在第 8 章，我会给你一个清单，告诉你在这些研究的基础上应该如何寻找合适的外用产品。接下来，让我们再谈一谈口服益生菌背后的科学吧。

口服益生菌：恢复你的皮肤光泽

170多年前，俄国生物学家埃利·梅奇尼科夫诞生，他被誉为“现代益生菌运动之父”，也是第一个发现了乳酸菌与健康之间关系的人。此外，梅奇尼科夫还被视为“免疫学之父”，因为他对免疫生物学做出了许多正确预测，并第一个提出了乳酸菌对人类健康有益的观点。1908年，梅奇尼科夫由于发现了白细胞可以吞噬和消灭有害细菌和颗粒（吞噬细胞）而获得了当年的诺贝尔生理学或医学奖。他在后来还发现了保加利亚农民的寿命和他们食用发酵乳制品习惯之间的相关性。“益生菌”这个词就是由他创造的，用于描述那些有益细菌。

梅奇尼科夫也有每天喝酸奶的习惯，因为他相信肠道中的有毒细菌会导致衰老，而酸奶中的乳酸菌可以延长寿命。他的工作启发了20世纪日本微生物学家代田稔，代田稔进一步探索了细菌和健康肠道之间的因果关系。代田稔的研究进一步促进了发酵产品（益生菌）在全球的营销。我会建议你通过吃泡菜、喝酸奶或者饮用康普茶等来摄入益生菌，但同时你也可以选择通过服用胶囊或药片来摄入益生菌。

在口服益生菌中，人们研究最多的是乳酸菌和双歧杆菌（你会注意到这些菌株也存在于许多发酵食品和外用益生菌中）。一些乳酸菌菌株还具有广泛的（系统的）抗炎作用。例如，副干酪乳杆菌具有消炎特性，有助于由内而外地降低许多皮肤病的发病风险。此外，还有研究表明，它可以改善皮肤屏障的功能，防止水分流失（要想皮肤有光泽，保持皮肤水分很重要）。目前还有学者正在研究该菌株在治疗玫瑰痤疮、干燥或敏感皮肤和特应性皮炎（湿疹）时的作用。此外，经实验证明，母亲在分娩前的2～4周以及分娩后的哺乳期如果服用鼠李糖乳杆菌 GG[①] 株，或者让婴儿摄入添加了这种菌株的婴儿配方奶粉，易感湿疹的婴儿患湿疹的风险会显著降低。这些摄入了此类菌株的婴儿的湿疹患病率远低于那些没有服用该益生菌的婴儿。另外，有一种名叫植物乳杆菌的乳酸菌还有很强的抗衰老功效。在 2014 年的一项研究中，与没有摄入该菌株的无毛老鼠相比，摄入这类益生菌的老鼠的皱纹数量和深度都浅很多。

乳酸菌还可以减少紫外线对皮肤的伤害。研究人员曾对一群健康女性做过一个为期 10 周的测试，在此期间每周要求她们摄入约氏乳杆菌和 7.2 毫克类胡萝卜素[②]，然后将她们暴露在模拟阳光或自然阳光下。与没有摄入这些成分的对照组相比，这种饮食补充抑制了紫外线诱导所产生的朗格汉斯细胞密度的下降。朗格汉斯细胞是我们皮肤免疫系统的重要组成部分，它们能够抑制不必要的炎症反应，减少一些顽固的皮肤问题的出现。此外，在这项研究中，科学家们还发现，在暴露于强烈的紫外线辐射后，益生菌有助于恢复受试者免疫系统的平衡。

双歧杆菌属也有许多作用。在老鼠身上进行的几项实验表明，口服短双歧杆菌可以预防紫外线对皮肤造成的损害，如皮肤屏障受损、水分流失以及其他对皮肤健康和功能的损伤。通俗来说就是摄入了这种益生菌的老鼠不太容易受到阳光的伤害。这种益生菌对它们来说就像是饮用版的防晒霜！还有一些研究则表明，双歧杆菌有助于减少皮

① GG 是科学家舍伍德·戈尔巴赫（Sherwood Gorbach）和巴里·戈尔丁（Barry Goldin）姓氏的首字母，二人在 1983 年时从一个健康的人体内分离出了这种菌株，并且申请了专利。

② 一种来源于植物的抗氧化剂，使胡萝卜等蔬菜具有颜色。

肤在紫外线照射下产生的自由基。这意味着它可以预防自由基对皮肤造成的损害，如炎症和衰老过快所引起的皱纹增多、胶原蛋白分泌减少、皮肤柔韧度下降等问题。

当然，我并不是说益生菌补充剂可完全取代防晒霜，但在外出前无论是服用益生菌还是涂抹防晒霜，都是为了更好地增强皮肤对太阳有害射线的防护。对紫外线的防护越充分，我们患皮肤癌以及出现皱纹和皮肤异色等早衰迹象的风险就越低。

由于痤疮患病率较高，所以益生菌对痤疮的治疗效果仍然是目前研究的主导方向，而科学家们研究最多的益生菌还是乳杆菌属和双歧杆菌属的菌株。意大利、俄罗斯和韩国的一些研究人员做的小型研究表明，在口服这些益生菌时，患者对痤疮传统疗法的耐受力也会更强（双管齐下，但是分开服用，以便益生菌有机会发挥作用）。2013 年的一项临床实验表明，抗生素和益生菌一起服用能够为皮肤治疗提供双重好处，尤其是在治疗痤疮时。这一研究成果发表时，我对这个结论一点都不惊讶。我自己给我的女性痤疮患者开口服抗生素时，也会在每一疗程都辅以益生菌补充剂。这是为了防止众所周知的抗生素的副作用，如胃部不适或阴道酵母菌感染等。有时候我的患者还会来找我说，尽管她的抗生素药剂的疗程已经结束了，但是还想继续服用益生菌补充剂，因为她认为这种补充剂对她的皮肤有好处。

类似的故事我也听了很多，所以后来我在为我的患者开抗生素处方的时候，也同时给他们加上益生菌。正如 2013 年那项临床研究证实的那样，患者的痤疮很快便消除了，副作用也比以前更少了。所以，其实在 2013 年这项研究发表的几年前，我便已经开始意识到益生菌能使我的患者的痤疮症状好转。

最后，我还想聊聊另一种完全不同的菌株——凝结芽孢杆菌。研究证明，这种细菌对免疫功能有积极作用，并且有可能会减少自由基的产生，科学家推测它可以用于抑制痤疮。但是目前只是猜测，还需要更多的研究来进一步证明。不过，目前已经有很多数据显示了自由基的形成和痤疮之间的关系，所以那些能够抑制自由基形成的物质有助于预防痤疮这个论点也有一定道理。凝结芽孢杆菌长期以来一直被用于缓解一些肠胃问题，如腹泻（包括旅行者腹泻）、肠易激综合征和艰难梭菌相关性腹泻等，其中最后这类细菌导致的疾病也是我最感兴趣的。此外，凝结芽孢杆菌还可以用于预防呼吸道感染（实际上，目前已经有一种菌株获得了相关专利，能够通过增强 T 细胞对某些病毒性呼吸道感染的反应来预防呼吸道感染）。目前，我们还不知道凝结芽孢杆菌是如何增强免疫力的，但是相关的动物实验表明，它有助于调节免疫功能和减少有害细菌，而这两个作用都对皮肤健康有好处。

不过，我们这里所提到的这些益生菌也不过是冰山一角，只涉及了其中一些最热门的种类。但是，我希望这些能够引起你的兴趣，并且激发你开始尝试益生菌补充疗法的念头。不过，千万不要被烦琐的信息搞晕了，也不要着急做笔记，然后出去采购一大堆益生菌。在本书第二部分，我会循序渐进地指导你，告诉你应该买什么、避开什么以及如何制订一个简要的方案来由内而外地重构你的微生物组。这里提到这些或许令你吃惊的新知识只是想告诉你，你可以通过维护你的微生物组来保持自己的皮肤健康。即使你觉得自己在某种程度上处于劣势，我也有一些解决方案可以帮助你扭转局面。

第二部分

皮肤屏障的修复原则

欢迎来到转型时期，准备好迎接一个崭新又美丽的自己吧！通过第一部分的讲解，相信你已经对肠道、大脑、皮肤之间的联系有了一个全面的了解，所以现在让我们了解一些帮助我们由内而外地维持身体健康和皮肤功能的方法吧。在本部分里，我们将深入探讨一些可以帮助我们获得光泽皮肤的习惯——饮食、锻炼、放松、减压和睡眠等方面。我还会介绍一些护肤准则以及如何利用我所推荐的那些“焕活皮肤”补充剂来改善你的皮肤。

进入第二部分后，请按照你自己的节奏去执行我给出的策略，并改变生活方式。在这部分中的一些详细步骤我会在第三部分中跟大家分享，虽然我估计你们中很多人会在学习后立即就开始执行。你越快地遵循我的建议，就会越快地感觉到并看到效果。记住，我们的目标不仅仅是拥有更好的皮肤，我们还会获得更多的东西，如精力更加充沛、肠胃不适等各种慢性疾病的减少、焦虑的减少、睡眠的改善以及腰围的缩减等。而这些收获又会为我们带来更多的好处，如帮助我们完成更多的事情、更有成就感，也能够更加享受生活。

准备好了吗？

一切就绪的话，就让我们开始吧！

第6章

饮食第一
喂养你的皮肤

我们现在知道，肠道-大脑-皮肤轴能够由内而外极大地影响我们的外貌和情绪，这一点也让我们对美容护肤有了很多新的理解，同时也引起了治疗方法的革新。我们如今可以从饮食入手进行许多改变。慢性皮肤病的解决方案其实很简单。所以，本章我将着重讲一讲我的饮食建议，如哪些常吃的食物其实是应该避免食用的，并且我也会解释这些建议背后的原因。而我通过这些建议想要传达的中心思想就是你所吃的食物与你的身体和皮肤的机能之间有着惊人的联系。

我的大多数患者平时都非常忙碌，往往忽视了生活习惯（尤其是饮食）对他们的皮肤造成的影响（也许你也一样）。但是没有好的饮食，我们就不可能有好的皮肤。因此，除了常规的问诊治疗，饮食调整是我认为能帮助我的患者实现转变的最有力的途径。合理饮食是帮助我们重新平衡肠道-大脑-皮肤轴的至关重要的一环。

结束第一部分的阅读后，你应该已经知道我们身体里的微生物组也承担了一些身体功能，这些微生物组的数量比人体细胞多得多，甚至多10倍（不过这也只是估计，科学家们目前还在计算具体数值）。这一发现是非常振奋人心的，它意味着我们的身体状况并不完全是由家族遗传或者基因决定的。我们可以通过一些自我改变来直接改善我们的健康和外貌以及我们微生物组的状态。我们可以调整饮食习惯和进行膳食补充，可以改变保养皮肤、管理压力和运动的方式，还可以提高睡眠质量。所有这些反过来也会影响身体的生理行为，甚至是基因表达。

过去我们认为饮食和皮肤没什么关系，但是随着科学的发展，我们逐渐认识到事实并非如此。我非常喜欢这个话题，并将其作为我职业生涯的一部分，投入了许多时间和精力不断学习相关的知识，我在本章会详细介绍二者之间的关系。其实，只要在日常饮食习惯上做一些小的改变，就有助于延缓皮肤衰老，并刺激皮肤产生新的胶原蛋白。举个例子，你可以在每天喝的卡布奇诺或者酸奶上撒上一小撮肉桂，它可以促进你的血液循环，使皮肤具有健康光泽，并将必要的营养物质输送到产生胶原蛋白和弹性组织的真皮层。另外，菠菜、甘蓝等绿叶蔬菜是锌的极佳来源，多补充锌元素可以帮助皮肤分解受损的胶原蛋白，并且促进新的胶原蛋白生成。

所以，食物并不仅仅是燃料，它更是信息。它是你的DNA和微生物组的数据，向皮肤细胞及其微生物组发送信号，并为皮肤问题提供解决方案。

我给你的饮食方案会帮助你远离典型的西方饮食习惯，因为这种饮食含有大量的不健康脂肪和糖，很容易引发炎症。我的饮食方案以新鲜的天然食品为主，并且多为低血糖指数（GI）的食物。它允许你每天食用一份全麦食物（如一片发芽面包[1]、一份钢切燕麦[2]或藜麦），同时限制精制碳水化合物和乳制品的摄入（酸奶和某些奶酪还是可以吃的）。你可能之前也了解到高血糖指数的食物不仅会导致血糖水平和胰岛素水平显著上升，还与皮肤病的患病风险之间有很密切的联系。目前为止的所有科学文献都不约而同地指出，高血糖指数的食物会通过激发某些雄激素、生长激素和打开细胞信号通路，引发一系列导致各种皮肤问题的内分泌反应。

告诉你一个好消息：你不需要计算热量或者控制食物分量。这份饮食方案为你提供了充分的选择余地，只要你按照我建议的方案进食，就不会饮食过量，也不会饿到饥不择食的地步。这个饮食方案会重新调整你的饥饿感和饱腹感，这样你就能吃适量的食物。其实，这也是这个饮食方案最强大、令人难以置信的地方。通过这个方案，你不再需要所谓的“节食心态”，而是可以完全相信你身体所发出的内在信号，本能地知道该吃什么、吃多少以及何时吃。

需要强调的是每个人的生理结构都是不同的。因此，即使吃下同样种类及分量的食物，每个人受到的影响不相同，对食物的反应也是不同的。你需要尊重这一事实，并且给自己试错的空间。我给你的饮食方案在很大程度上需要根据你的个人喜好进行调整。我所提供的只是一个基础模板，它能够最大限度地确保对你的肠道－大脑－皮肤轴给予支持。在此基础上，你可以根据你的需求对它进行修改。学会记录每日饮食能

① 发芽面包是一种由发芽的全谷物为原料制成的面包。——译者注

② 钢切燕麦是加工最少的燕麦品种之一，是用钢刀把剥壳的燕麦切成小块制成的。

够帮助你辨别适合你的饮食模式。举个例子，有些人可能只对高血糖指数的碳水化合物敏感，如面包、土豆、玉米片、甜甜圈和炸薯条等，因此他们只需要回避这些食物。而有些人可能对所有的碳水化合物都比较敏感，那他们就要格外小心了。后面我们将详细探讨这些细节。

请记住，饮食的改变不仅可以优化你的肠道－大脑－皮肤轴，也可以调整你的味蕾敏感度和饮食偏好。事实上，通过改变膳食习惯，你能做到的最大成就就是慢慢地实现口味上的转变。我希望你能逐渐从一个甜食爱好者转变为一个喜欢酸味和苦味的人。当然，食品行业已经使我们有了"甜食胃"，而且即使你有意控制，有时也逃不过那些含有添加糖或人造甜味剂却标榜着"健康"的蛋白棒和沙拉汁的陷阱，这种改变并不是一朝一夕就能完成的。请记住，当你尝到那些富含益生菌的发酵食品（如酸菜、康普茶和无糖的有机希腊酸奶）的特有酸味时，你其实是在给你的肠道提供养分。虽然刚开始的一两天可能会有些难熬，但是你很快就会适应新的饮食口味，而且当你再尝到那些你曾经戒不掉的食物时，你会发现它们的甜度反而会使你感到不适。

新的科学研究表明，我们可以在短短几天的时间里改变肠道微生物组的健康状况和功能。近年来，慢性肠道疾病和慢性皮肤病的发病率同时上升是不无关系的。西方饮食会导致一系列慢性疾病，从糖尿病、心脏病、癌症到各种皮肤病，这不是逸闻，而是事实。大量研究证明，西方饮食重数量轻质量，不仅会对身体造成破坏，容易引发炎症。而在这种饮食影响下，身体也存在巨大的营养缺陷。

这些研究还表明，我们虽然吃得过多，但是营养并没有跟上。我们的饮食以糖、各种加工植物油和合成化学物质为主，缺少人体所需的微量元素和抗氧化剂。久而久之，这种饮食习惯会引发身体的慢性炎症。你现在也知道，我们的皮肤也会受到炎症影响。因此，保持健康的饮食习惯就是改善皮肤状态最好的方法。多吃天然、健康的食物，它们既不会伤害你的皮肤，也不会让你的微生物组受到损伤。我的饮食方案会避开那些容易引发炎症的食物，增强营养密度，从而自然而然地为你的肠道 - 大脑 - 皮肤轴提供支持。

我的饮食建议是基于多年对患者的治疗和观察所总结出来的，他们在采纳本书中所列出的饮食方案后都成功地实现了转变。此外，我也做了许多功课来弄清楚这些饮食背后的科学原理。身体一旦出现疾病，很有可能导致一些顽固的皮肤问题的出现，幸好我们现在通过大量研究找到了身体的最佳保养秘诀。所谓的灵丹妙药确实存在于我们的食物王国中，它们拥有神秘的力量，可以帮助你重新焕活你的皮肤。这些食物都有哪些？它们又是如何起作用的呢？答案就在下面我总结的饮食法则当中。在第 10 章里，我也将会根据以下的建议帮助你制订饮食方案。

焕活饮食法则

无论是对医生、听讲座的听众，还是我的患者，我都跟他们讲过以下 5 个简单的饮食法则，它们不但非常实用，而且有科学依据。下面，我也会讲解这 5 个法则。

- 选择低血糖指数、天然且未加工的食物。
- 选择乳制品时要慎重。
- 多吃富含抗氧化剂的果蔬。

- 相比于 ω-6 脂肪酸，ω-3 脂肪酸更好。
- 补充益生元和益生菌。

法则 1：选择低血糖指数、天然且未加工的食物

我们都知道，非西方国家的人们的皮肤病发病率一般都很低，许多研究也对这些人群进行了调查，这些研究最终都有一个共同的发现，那就是他们的饮食中很少有加工食品和精制碳水化合物（或者说很少有高血糖指数的食物）。东方人的饮食更接近人类祖先的饮食习惯，富含优质脂肪和蛋白质，碳水化合物是来自低血糖指数的水果和蔬菜。东方人的菜单上很少出现精制糖，也很少吃那些贴了标签的包装加工食品。东方人不仅皮肤有光泽，而且很少出现肥胖、高血压或者营养不良，患心肌梗死和脑卒中的人也相对较少。

根据我和我的同事们的研究，在所有可能导致皮肤变差的饮食因素中，碳水化合物即使不是罪魁祸首，也是排名靠前的。碳水化合物对痤疮的影响尤为严重，许多发达国家的人都患有这一疾病，且患者数量还在不断上升，所以它也是世界上被研究得最多的一类皮肤病。正如我在 2014 年的一篇论文中所写的，我们的基因没有改变，但我们患痤疮的概率却发生了显著的变化。现有证据表明，精制碳水化合物与痤疮之间存在惊人的相关性，这也是我的那篇论文的主要观点。大量研究表明，易患痤疮的人可以通过减少糖的摄入、多吃低血糖指数的食物来减少痤疮发生、降低痤疮的严重程度，并且减少皮脂分泌。这一联系背后蕴含许多生物学原理，其中较为突出的一个是精制糖会导致血糖飙升，从而增加刺激油脂分泌的有关激素的生成，导致皮脂分泌。这些激素甚至会改变皮肤油脂的成分，

使皮肤更容易出现痤疮。甚至可以这么说：精制碳水化合物会导致绝大多数人皮肤变差。

当我们了解了痤疮之后，其皮肤病也就不难解释了。换句话说，能够治疗痤疮的方法也能治疗其他大多数皮肤病。如果你想要少吃有害的碳水化合物，最好的衡量标准就是控制血糖指数。它是最便捷的“测量工具”，能够告诉你该吃什么、不该吃什么。

了解你的血糖指数

血糖指数这一概念在几十年前由科学家提出，主要用于测量食物对血液中的葡萄糖含量的影响，尤其是包含碳水化合物的食物。血糖指数由低到高为 0 ~ 100，其中基准点也就是血糖指数为 100 的是纯葡萄糖。血糖指数为 70 及以上的食物能被人体迅速消化吸收，它们会导致短暂的血糖飙升（大约持续一两个小时），而这些葡萄糖会在激增的胰岛素的帮助下从血液中输送到细胞。此外，胰岛素还会刺激细胞吸收脂肪和氨基酸，抑制身体分解储存的脂肪、糖原和蛋白质。典型的高血糖指数的食物多为加工食品，配料以糖和白面为主。而低血糖指数的食物，即血糖指数为 55 及以下的食物，多为绿叶蔬菜、藜麦、富含纤维的水果、豆类以及一些如红薯和南瓜等淀粉类蔬菜，人体消化这类食物会更慢，所以血糖和胰岛素水平也是呈平稳上升的趋势。像芦笋和西蓝花在内的许多食物基本不会改变血糖水平。至于血糖指数在 56 ~ 69 的食物则一般被认为是折中选择，可以适量食用。这类食物主要包括糙米或印度香米、全麦面包和意大利面等。

此外，值得注意的是，一些研究表明血糖指数并不是绝对固定的，我们个人的代谢因素会影响我们对于不同食物的消化吸收。也就是说，血糖指数为50的食物可能在我的体内表现为60，而在你体内则表现为40，因为这还要看你除了这种食物外的整体饮食搭配（我们很少单独只吃某类食物[①]）。虽然这种个体差异确实存在，但我仍然认为血糖指数是一个很有用的工具，它让我们能够根据含糖量对食物进行一个基础分类。了解这种个体差异的意义在于你要明白不同的食物对你的影响。这种影响只有你自己可以体会到。如果某种食物会引起你的身体不适，那么即使它的血糖指数很低，你也需要在日后的饮食中规避它。你要根据自己的亲身感受选择食物，而不是盲目地遵从饮食方案上给出的建议。记录饮食内容就是一个很好的方法，它能够帮助你记录并发现你可能没意识到的那些敏感食物和某些饮食习惯带来的效果。

根据血糖指数的高低选择最适合你的食物，不仅可以引导你多吃天然食物，还可以避免你食用过多的精加工的垃圾食品。我的饮食方案会要求你戒掉所有的精制碳水化合物和面粉。你所知道的那些垃圾食品——油炸食品、饼干、糕点、糖果以及市面上大多数的能量棒和蛋白棒都在其中，还有许多标着“脱脂”和“无糖”字样的食物等都要避开。

大部分精加工的包装食品中都有糖。如今，糖似乎无处不在，你可能不信，但是如果你仔细观察，你会发现许多你觉得不可能有糖的

---

① 你可能有听过“血糖负荷（GL）”这个词，它和血糖指数是两个不同的概念。血糖负荷是另外一种计算每份食物中碳水化合物含量的指标，因为有些食物虽然血糖指数很高，但是实际上每份的碳水化合物含量并不足以显著提高血糖。西瓜就是一个例子，它的血糖指数高达80，但实际的血糖负荷很低。

地方都有它的身影，汉堡、薯条、薯片，甚至一些加工过的肉类食品中都是含糖的。这些糖的名称也多种多样，除了白糖外，它可能叫蔗糖、果糖、龙舌兰花蜜、高果糖玉米糖浆等。但是，无论它们叫什么，它们都是糖。你只有意识到这一点，并且有了足够的知识储备，才有可能避开它们。

另外，要尤其小心果糖。我们的身体处理果糖和处理葡萄糖的方式是不同的。葡萄糖可以被直接转化为细胞使用的能量。我们的身体在识别到葡萄糖后会立即分泌胰岛素来处理它，并且会在摄入足够的葡萄糖量后告诉大脑停止进食食物。而果糖则会被直接输送到肝脏中进行加工，所以不会激发胰岛素的生成，也就无法帮你控制摄入量。这并非一件好事。没有了胰岛素反应，你的大脑就接收不到饱腹感的信号，你便会很容易摄入过量的果糖，从而危害身体健康。

果糖，尤其是精加工的果糖，产生黏蛋白团的概率几乎翻了三番。这种黏蛋白团叫作糖基化终末产物，会诱发炎症反应。虽然果糖由肝脏处理，并不会立即对血糖产生影响，但是长期摄入过多的非天然果糖仍会对身体产生负面影响。大量研究表明，果糖可能会引起葡萄糖耐量受损、胰岛素抵抗以及高血压。此外，果糖不会使身体生成我们新陈代谢所需的那些关键激素，而且，它在肝脏中很有可能并不会被转化为“燃料”，而是成为脂肪。因此高果糖饮食很容易导致肥胖以及相应的代谢问题。可惜的是，我们如今摄入的大部分果糖既不是以天然形式存在的（比如，会与葡萄糖结合形成蔗糖），也不是天然的（如水果中的果糖）。

无论是哪种糖，对我们身体造成的伤害都是极大的，会影响包括细胞膜、动脉、激素、免疫系统、肠道，甚至微生物组在内的许多方面。

糖是当今的一大祸患，我们对糖的摄入量已经远远超出了我们身体的承受范围。

糖的名称

糖目前有 50 多个名字，其中包括：

- 大麦芽糖
- 甜菜糖
- 甘蔗汁冰糖
- 焦糖
- 玉米糖浆
- 结晶果糖
- 枣糖
- 葡聚糖
- 右旋糖
- 浓缩甘蔗汁
- 果糖
- 果汁
- 高果糖玉米糖浆
- 转化糖
- 麦芽糖
- 大米糖浆
- 高粱糖浆
- 蔗糖

人工合成糖

- 安赛蜜
- 阿斯巴甜
- 纽甜
- 邻苯甲酰磺酰亚胺
- 三聚蔗糖

在第 2 章里，我们说到许多人造甜味剂会改变我们的微生物组的构成，从而破坏我们的新陈代谢。这些甜味剂会使你更容易出现暴饮暴食的情况，并且还会引发胰岛素水平的飙升（增加脂肪的囤积）。但是，随着公众的日益关注，许多食品公司也开始用一些晦涩的表达来标注产品中的人造甜味剂，试图将它们隐藏起来。人造甜味剂的名单很长，随着新配方的出现，这一名单一直在不断增加。它们不仅潜伏在沙拉酱、烘焙食品和加工零食等各种方便食品中，一些标榜着“低热量”“无糖”的所谓健康食品和早餐麦片中也有它们的身影，你甚至会在牙膏、一些药液、口香糖和速冻点心等许多意想不到的地方发现它们。

糖化所引发的衰老问题

糖化是一个生化术语，指糖分子与蛋白质、脂肪和氨基酸结合的过程。这一过程也被称为美拉德反应，是糖分子自身结合的一种自发反应。路易斯·卡米尔·美拉德在 20 世纪初首次描述了这一过程。食物在烧烤过程中就会产生糖化反应，并且最终呈现棕褐色，如在我们烤面包或者煎牛排的时候，这一过程使得食物的香味释放出来，并且也可以改变食物的颜色。但是，尽管美拉德当时预测这种反应会对医药界有重要影响，但是科学家们直到 1980 年在探索糖尿病和衰老之间的关系时才将目光转向这种反应。

从生物系统来看，美拉德反应是衰老的一个显著特征。在这一反应的后期阶段会形成所谓的晚期糖基化终末产物（AGEs）。这种产物大多是由糖和氨基酸之间的非酶反应产生的，会对人体造成伤害。我们在食用高糖食物或者煎炸、烘烤的一些高温烹饪的食物时，当天所摄入的晚期糖基化终末产物含量会比成年人平均日摄入量高 25%。目前也有研究正在探索低晚期糖基化终末产物饮食对炎症和心脏病等发病风险因素的影响。食用高晚期糖基化终末产物食物会加速人体晚期糖基化终末产物的产生，增加血液中的晚期糖基化终末产物含量。

研究人员还发现了晚期糖基化终末产物与动脉硬化、神经缠结、皱纹和其他许多疾病之间的联系。而胶原蛋白和弹性蛋白作为两种能够保持皮肤紧致和弹力的纤维蛋白，也是这一过程中最脆弱、最容易受损的物质。

如果想知道晚期糖基化终末产物的实际危害，那就看一下那些出现早衰症状的人吧。他们就是那些虽然年龄不大但有许多皱纹、皮肤也已经松弛变色而失去光泽的人。这种变化其实就是蛋白质和游离糖结合所产生的一种物理效应。这绝非玩笑，科学家们甚至可以记录动物的糖摄入量与它们皮肤衰老速度之间的关系。摄入糖分越多，皮肤就会越早衰老，失去原有的弹性和柔韧度。

你也能在烟瘾很大的人身上看到它的危害，许多吸烟者皮肤发黄就是糖化反应的特征。相较于没有吸烟习惯的人，吸烟者的皮肤中含有的抗氧化剂更少，而吸烟本身又会加速身体和皮肤中的氧化过程。由于吸烟者体内的抗氧化潜能被严重削弱，或者更直白地说就是被氧化“压倒”了，所以吸烟者无法处理糖化等其他正常过程所产生的副产物，皮肤也就因此变黄了。对于大多数人来说，无论是吸烟者还是不吸烟者，外部糖化的迹象一般会在35岁左右开始出现，那时我们会经历一定量的激素变化和包括日晒等环境氧化压力。但是吸烟者的糖化症状则会更严重一些。

糖化其实就跟炎症和自由基的产生一样，是我们生活中不可避免的。它是我们正常新陈代谢的产物，也是衰老的根源。但是，就像我们想要控制炎症和自由基的产生一样，我们希望能够抑制或者减慢糖化反应。事实证明，糖化、炎症和自由基的产生，三者之间的确有关系。当其中一种生物反应加速时，其他两种反应在一定程度上也很可能会加速。现在许多延年益寿和美容养颜的策略都想减少糖化以及打破这三者之间的恶性循环。确实，想美容、长寿还是要避免高碳水化合物饮食，因为这些高碳水化合物会加速糖化过程。尤其糖更是糖化反应的快速刺激物，因为它很容易附着在体内的蛋白质上。此外，更糟糕的是美国人饮食中热量的主要来源之一就是高果糖玉米糖浆。这种糖会让糖化速度提高 10 倍！

蛋白质在被糖化后，其功能性会显著降低。而且，这些受损的蛋白质还会更容易与其他类似受损的蛋白质结合，形成交叉连接，进一步抑制人体功能。但最严重的情况是，一旦蛋白质被糖化，便会导致自由基激增。这不但会破坏身体组织，产生有害脂肪，还会造成其他蛋白质解体，甚至会改变 DNA。不过，蛋白质的糖化同样也是我们新陈代谢中很正常的一环，只是一旦过度，便会对我们造成危害。高水平的糖化不仅会导致早衰，还与肾脏疾病、糖尿病、认知能力下降（包括阿尔茨海默病）及血管疾病有关。

请记住，身体中任何蛋白质都有可能成为晚期糖基化终末产物。鉴于这一过程的重要性，世界各地的医学研究人员正在努力开发各种药物以减少晚期糖基化终末产物的形成。然而，防止晚期糖基化终末产物形成的最好方法就是从源头出发，减少糖的摄入，无论是天然糖、加工过的糖还是人造糖都尽量少吃。

法则 2：选择乳制品时要慎重

除糖以外，乳制品可以算是导致皮肤病的第二大原因，但并不是所有的乳制品都如此。实验证明，对大多数人而言，问题一般出在牛奶，尤其是脱脂牛奶上，而很多人还没有意识到。在最近许多评估牛奶消费者患痤疮风险的研究中，我们可以很清楚地看到饮用牛奶或者食用以牛奶为原料的产品（如冰激凌）会显著增加痤疮的患病率，有时甚至高达 4 倍！有趣的是这些研究结果并不适用于酸奶和一些奶酪。

所以，牛奶的问题出在哪儿呢？尽管科学家们目前还并不清楚牛奶对皮肤健康造成负面影响的确切原因，但是我们知道这可能是牛奶中的两种关键成分——乳清蛋白和酪蛋白在起作用。乳清蛋白会增加胰岛素水平，从而抑制我们控制血糖和减少炎症的能力，而酪蛋白则会促进一种名为胰岛素样生长因子（IGF-1）的胰岛素样激素的释放。一般来讲，我们体内的 IGF-1 与生长激素能够一起繁殖和再生细胞，对身体是件好事。然而，一旦过量，这个激素便可能会对身体造成伤害，因为它会加剧连锁反应，导致癌症等疾病以及痤疮等皮肤病的出现。此外，研究发现，酪蛋白也会引发一些人的免疫反应，进而使整体炎症水平激增。

长期以来，科学家们都认为乳清蛋白和酪蛋白与痤疮的形成有关。的确，许多健身爱好者和运动员有严重痤疮问题也是不无道理的，因为他们经常服用乳清蛋白补充剂（如蛋白奶昔和蛋白棒）。就像我前文说的，即使你只是偶尔才吃一根蛋白棒也会受到影响，所以，你应该挑选一些由植物蛋白制成的蛋白棒或者蛋白粉，并且注意每份含糖量要少于 4 克。

尽管传统观点一般认为脱脂牛奶比全脂牛奶好，但实际上脱脂牛奶存在的问题反而可能更多，因为为了让脱脂牛奶喝上去奶味没那么淡，厂商会在其中额外添加上述两种蛋白，因此脱脂牛奶中这两种蛋白的含量也更高。好消息是现在我们可以很容易找到其他奶来替代牛奶，其中还有许多添加了钙和维生素 D。如果我的患者对坚果不过敏，我一般会向他们推荐低糖杏仁奶。杏仁奶的味道好，且富含矿物质和维生素 E。而对于那些不能喝（或者不喜欢）杏仁奶的人，我则会建议他们尝试椰奶或者亚麻籽奶。

未发酵乳制品与发酵乳制品

我们都知道，益生菌对皮肤有益，所以这可能也解释了为什么经巴氏杀菌的未发酵乳制品（如牛奶）会导致痤疮，而发酵后的乳制品（如酸奶、开菲尔和白干酪）则不会导致痤疮。请记住，发酵过的乳制品会自然生成许多有益细菌，可以说是益生菌的天然来源。

与牛奶不同，酸奶（不添加糖）和奶酪似乎并不会对身体有负面影响。就像我前文说的那样，酸奶中的益生菌是可以促进皮肤健康的。这些益生菌还能缓解炎症。与牛奶相比，酸奶等富含益生菌的食物在发酵过程中产生的 IGF-1 的水平较低。至于奶酪对皮肤有益的详细科学解释，我们还需要更多的研究来进一步探索。不过，许多奶酪中确实也含有益生菌，并且乳糖含量比牛奶更低。这些因素使得奶酪比其他含乳糖乳制品更易被乳糖不耐受人群所消化，但是究竟为何奶酪不会引起皮肤病，我们目前还并不清楚。也就是说，如果你吃了乳制品后，皮肤经常出现问题或者问题越来越严重，那么你可以尝试在你的饮食中去除所有乳制品，看看皮肤有什么变化。请注意，你可能需要持续一个月或者更长时间才能真正地看出乳制品对皮肤的影响。

富含天然益生菌的优质奶酪

- 半硬奶酪：蒙特里杰克奶酪、科尔比氏干酪
- 有孔奶酪：瑞士奶酪、高达奶酪
- 意大利奶酪：帕尔马干酪、罗马诺干酪、菠萝伏洛干酪、马苏里拉奶酪
- 特色奶酪：林堡软干酪、门斯特干酪
- 霉化的成熟干酪：布里干酪、卡门贝尔干酪、蓝纹奶酪、戈尔根朱勒干酪、斯蒂尔顿奶酪
- 山羊乳奶酪
- 白干酪
- 羊奶奶酪

尽管鸡蛋在超市中经常出现在乳制品区，但严格来讲它并非乳制品。乳制品基本上涵盖牛奶和其他所有用牛奶制成的东西，如黄油、奶酪和酸奶等。鸡蛋是一种功能很强大的食物。虽然我们从小到大一直在听人说蛋黄会导致胆固醇升高之类的话，但是我并不鼓励你只吃蛋白。虽然只吃蛋白减少了热量摄入，但你同时会错过一些关键的营养物质。蛋黄其实是一个营养宝库。全蛋是少数的能够同时富含维生素、矿物质、抗氧化剂和我们生存的所有必需氨基酸的食物之一，可以对我们的生理机能产生深远的积极影响。鸡蛋不仅能让我们有饱腹感，还能帮助我们控制血糖，因此，它也能促进皮肤健康。（另外，从来没有任何一项研究表明鸡蛋与心脏病有关。）

你会发现，在我给出的饮食方案中，我从来不会回避鸡蛋。我还很

喜欢用蔬菜来炒鸡蛋，当作一天的早餐。鸡蛋能够为血糖平衡定下一个基调，帮助我度过忙碌的上午，且不会有饥饿感（煮熟的鸡蛋也是很好的零食）。现在市场上比较受欢迎的零食包括一些谷物片、松饼、司康饼、能量棒或者蛋白棒以及烤麦片之类的，含糖量都非常高，所以我们哪怕仅仅从第一顿饭开始改变，也能产生明显的效果。此外，你还可以用鸡蛋做许多别的食物，它可以说是世界上用途最广泛的食物之一了，无论是炒鸡蛋、溏心蛋、煮鸡蛋还是与其他材料混合烹饪，都很美味。

法则 3：多吃富含抗氧化剂的果蔬

抗氧化剂可以说是自由基“战士”。它们能够抑制那些会引发衰老和慢性疾病（包括皮肤病）的有害分子。2015 年，《皮肤癌杂志》（*Journal of Skin Cancer*）刊登了一篇论文，该论文的结论很快在皮肤病学界传播开来。该论文证明抗氧化剂，尤其是通过饮食所摄取的抗氧化剂，能够防止自由基介导的 DNA 损伤和紫外线辐射导致的癌症发生。许多实验室研究也发现，一些饮食中的抗氧化剂（如维生素 A、维生素 C 和维生素 E）在预防皮肤癌方面具有重要前景。这些实验结果也在动物实验中得到了证实。

护肤产品中的抗氧化剂也在不断增加，甚至一些外用的皮肤护理产品中也出现了它们的身影。除了我们所熟知的维生素 C 和维生素 E 这些抗氧化剂之外，科学家们也开始逐渐运用从葡萄籽提取物，绿茶、石榴、苹果提取物，黑巧克力和咖啡因中提取到的抗氧化剂。这些成分可以保护皮肤免受晒伤、炎症、DNA 损伤和皮肤癌等困扰。

在第 8 章，我将告诉你外用皮肤护理产品中的抗氧化剂建议清单，你也可以通过服用复合维生素来摄入抗氧化剂。但是，所有这些方法都比不上从饮食中获取。你可以选择多吃一些富含抗氧化剂的水果和蔬菜，你也可以在鱼、绿茶和咖啡等食物中发现高效的抗氧化剂（咖啡可以说是一部分人体内的抗氧化剂的主要来源）。

一些研究还评估了抗氧化剂对皮肤健康的作用，结果表明，通过膳食补充抗氧化剂比服用补充剂更有效。想要达到高抗氧化水平，并且提高我们皮肤中类胡萝卜素的含量，唯一的办法就是通过营养摄入。类胡萝卜素是由一组色素组成的营养成分，这些色素是由光合生物体（即植物）和一些非光合微生物制造的，而非由动物制造。这意味着我们获得这些抗氧化剂的唯一方法就是从植物中摄取食物。

其实，这些抗氧化剂也是各种食物色彩的来源，是它们给这些果蔬提供了五颜六色的“染料”。比如，番茄红素会使番茄和西瓜呈现红色，β－胡萝卜素会使胡萝卜和红薯呈现橙色。科学家们已经提议，β－胡萝卜素作为维生素A的前身，可以作为一种饮食补救方法，帮助那些对光线非常敏感的人改善皮肤状况，如许多肤色较白的人。β－胡萝卜素可以帮助这些人减轻光敏反应的程度，并提高他们对阳光的耐受能力。

抗氧化剂不仅能给植物带来颜色，还能帮助我们抵御紫外线、有害细菌和真菌等来自外界环境的侵害。维生素E就是一种对皮肤最重要的抗氧化剂之一，它可以保护皮脂免受炎症伤害。我们的皮肤中有很多这样的营养物质。但是，在我们对抗自由基的过程中，我们的皮肤会消耗这些物质。因此，这也是为什么我们需要补充抗氧化剂，每天吃大量新鲜的蔬菜和水果，尤其是蔬菜。我建议你可以限制水果的摄入量（牛油果除外），因为水果的糖含量较高。而蔬菜的摄入则是不限量的。

抗氧化与抑制痤疮之间的联系

新的证据表明，自由基和氧化应激在痤疮的形成中发挥了一定作用。痤疮患者细胞中的抗氧化剂往往较少，而且有许多氧化性损失的标记。一直以来，我们过去所了解的痤疮的发展过程是这样的：先是毛囊堵塞，然后细菌侵入，最后导致炎症。然而事实可能相反，炎症反应标记物的产生是痤疮形成的首要原因之一。有一种理论认为，自由基对皮肤天然皮脂的损害，也许就是引发炎症反应的导火索。这些自由基引起的反应称为脂质过氧化或皮脂氧化。因此，基于以上知识，我建议痤疮患者尽量在饮食中多摄入抗氧化剂，并且在早上涂防晒霜之前也可以使用一些含有抗氧化剂的精华液。

以下是我个人最喜欢的 5 种抗氧化剂以及含有这些物质的饮料和食物。在第 10 章中，我将说一说如何将这些食物加入你的饮食之中。

- **维生素 C：**帮助合成胶原蛋白，预防并治疗紫外线引起的损伤。主要存在于橙子、红甜椒、羽衣甘蓝、抱子甘蓝、西蓝花、草莓、葡萄柚、番石榴。
- **番茄红素：**有助于稳定皮肤细胞核中的 DNA 结构，促进皮肤光滑。主要存在于番茄中，番石榴、西瓜和粉色葡萄柚中也有少量该物质。
- **多酚：**帮助修复受损皮肤并恢复皮肤弹性。主要存在于绿茶、黑巧克力、黑莓、樱桃、番石榴和苹果中常见的黄酮类化合物和儿茶素（强效抗氧化剂）。
- **锌：**帮助维持抗氧化通路。主要存在于牡蛎、红肉、家禽、豆类、坚果、全谷物。

- **维生素 E：**有助于保护皮脂免受炎症损伤。主要存在于杏仁、葵花子、牛油果、橄榄和菠菜中。

法则 4：相比于 ω-6 脂肪酸，ω-3 脂肪酸更好

老实讲，你是否也有某段时间买的所有食物上都贴着“脱脂”的标签？也许你认为脂肪会让你变胖，所以在想办法完全避开脂肪。健身俱乐部、广告商、杂货店、食品制造商和一些畅销书籍一直以来所传播的也是这样的观点，即我们应该保持低脂饮食。的确，像商用加工脂肪和油脂（反式脂肪酸）这类的脂肪对健康是有不利影响的。但是，许多来自动植物身上的未经处理的天然脂肪是对身体有益的。

我们想要生存就离不开饮食中的脂肪。而且，脂肪也可以说是皮肤健康的最重要的因素之一。每个皮肤细胞都是由两层脂肪所包围，这两层脂肪构成了我们的细胞膜。我们所知道的磷脂双层就是吸收了膳食脂肪而形成的，是保持皮肤健康的关键。此外，需要考虑的是你的皮肤表面还有一些喜欢脂肪的细菌，它们会消耗皮肤上天然的皮脂，在皮肤上留下一层薄薄的抗菌脂肪酸，从而使你更加美丽。如果你没有通过饮食摄入足够的脂肪，那么你就会饿死这些微生物，从而失去保护。同样，没有足够的脂肪还会使得皮肤丧失具有高保湿功效的脂质，无法保持光泽。当你在用一些产品清洁皮肤时，你也会将那层保护皮脂洗掉，使得皮肤更容易出现感染。

有一种类型的脂肪要比其他脂肪更受青睐，那就是 ω-3 脂肪酸，它是一种多元不饱和脂肪酸。它是在饮食界享有盛名的必需脂肪酸。其中较为关键的两种 ω-3 脂肪酸是二十碳五烯酸（EPA）和二十二碳六烯酸（DHA），多存在于鱼类中。第三种则是在坚果中发现的磷脂酸

（PA）。这些脂肪酸的好处目前已经得到充分证实，我们需要这些脂肪酸发挥有效作用，帮助我们减少炎症，改善大脑功能，降低有害血脂，并且通过控制皮脂的产生来帮助我们改善皮肤外观。ω-3 脂肪酸还能滋养皮肤细胞膜，帮助其保持水分，从而延缓皮肤衰老。反之，它也能促进水合作用，预防痤疮的发生。但问题是大多数人 ω-3 脂肪酸的摄入量是不够的，反而摄入了过多的有促炎危害的 ω-6 脂肪酸。目前，美国人对于 ω-6 脂肪酸和 ω-3 脂肪酸的摄入量之比达到了 20：1，然而理想的比例应该为 2：1。

ω-3 脂肪酸还可以抵消饮食中加工植物油的不良影响。但是典型的西方饮食中 ω-6 脂肪酸的含量极高，像红花油、玉米油、菜籽油和大豆油在内的许多植物油中都有它的身影，可以说植物油是美国人饮食中第一大脂肪来源。我们的饮食中确实需要一些 ω-6 脂肪酸，但重点应该放在坚果、种子、牛油果和鸡蛋中天然存在的脂肪酸上。和 ω-3 脂肪酸一样，ω-6 脂肪酸也是健康细胞膜的组成部分，具有重要作用，不仅有助于帮助皮肤生成天然的皮脂屏障，保持皮肤健康，而且还对大脑和免疫系统具有至关重要的影响。如果你的饮食中的这些脂肪酸摄入量不够，那么你的皮肤就可能会干燥、发炎，并且容易出现皮肤系统紊乱。一些研究表明，银屑病患者在服用药物的同时补充必需脂肪酸会比单独服用药物的治疗效果更好。

问题的关键在于我们要避免大量的 ω-6 脂肪酸进入加工食品和包装食品中（如烘焙食品）。你可以按照本书中提到的方案，自然地做到这点，使得 ω-3 脂肪酸和 ω-6 脂肪酸的比例达到更好的平衡。你还可以在饮食中添加其他的 ω 脂肪酸，如 ω-9 脂肪酸，选择一些自然食物，从而使脂肪酸摄入更加合理。

法则5：补充益生元和益生菌

回顾历史，我们会发现许多发酵食品和发酵饮料都为我们提供了益生菌。几千年来，人类一直在探索事物发酵的过程。尽管我们的前辈不了解发酵过程背后的机制，但他们已凭借直觉发现了发酵食品和发酵饮料对健康的益处。早在益生菌作为补充剂出现在健康食品店之前，人们就已经喜欢上了益生菌所带来的发酵产品。有证据表明，食物发酵可以追溯到7 000多年前的中东酿酒时代。而中国人在6 000多年前就开始发酵卷心菜了。

有“朝鲜半岛招牌菜”之称的泡菜也是一种很受欢迎的韩国传统调味品。它通常由大白菜或者黄瓜做成，不过也有多种多样的不同品种。德国酸菜在中欧地区一直都很受欢迎。而像酸奶这类的发酵乳制品也已经存在了数千年，成为畅销世界各地的食品。

一般来讲，发酵是指将碳水化合物（也就是糖）转化为醇、二氧化碳和有机酸的代谢过程。化学反应需要酵母菌、细菌或者二者同时存在，并且需要在这些生物体缺氧的条件下进行。19世纪，法国微生物学家路易·巴斯德曾将发酵描述为“没有空气的呼吸”。

乳酸发酵是一种独特的发酵过程，食物可以通过这一过程产生益生菌。益生菌能在这一过程中将食物中的糖分子转化为乳酸。细菌也因此能够生长和繁殖。乳酸反过来也可以保护发酵的食物免受致病菌的入侵，它的酸性环境可以杀死有害微生物。这也是为什么乳酸发酵可以作为保存食物的方法。如今，为了制作发酵食品，人们也开始将一些有益细菌（如嗜酸乳杆菌）引入含糖食品中，以启动发酵过程。比如，通过食用发酵剂（一种活性菌）和牛奶，我们现在可以很容易地做出酸奶。

摄取健康、多样的有益菌的理想方式是从纯天然的来源中获取，如酸菜、酸奶、泡菜和包括开菲尔和康普茶在内的发酵饮料。我的饮食方案将帮助你把这些食物纳入你的日常饮食中。食物和饮料中的益生菌的可利用性极高（很容易被身体接受）。它们可以帮助你保持肠道内壁的完整性，调节身体的 pH，增强免疫力并控制炎症。它们还是天然抗生素、抗病毒药物，甚至抗真菌药物。此外，益生菌可以通过产生一种名为“细菌素”的抗菌物质来抑制潜在致病菌的生长以及入侵。更重要的是这些益生菌会选择你饮食中的一些食物作为它们的“燃料”来源，从而进行代谢，使得你所吃的食物中的营养物质能够更好地得到释放，人体则更容易吸收营养。例如，这些益生菌能够增加维生素 A、维生素 C 和维生素 K 以及 B 族维生素的可用性。毫无疑问，所有这些营养成分都是皮肤健康方程式中的一部分。

由食物传播的益生元也应该是你的饮食的一部分。有益的肠道细菌喜欢吃益生元，益生元能促进微生物组的生长和活动。如果你了解饮食中膳食纤维的重要性，那么你应该已经熟悉益生元了。所有的益生元都是我们无法消化的膳食纤维，但它们能够被肠道中的有益细菌消耗，从而对我们有益（但并不是所有形式的纤维都能成为益生元）。当我们的肠道细菌代谢不可消化的食物时会产生有益的短链脂肪酸，甚至能够帮助我们满足自身的能量需求（事实上，短链脂肪酸可以满足人类日常能量需求的 7% ~ 8%）。

许多食物中都天然含有益生元，如菊苣、大蒜、洋葱、蒲公英叶、羽衣甘蓝叶、韭菜和豆薯等。我将向你展示如何用这些食材做出更好的富含益生元的食物。一些新的研究还表明益生元甚至有能力降低糖化。糖化过程也就是糖和蛋白质与脂肪结合，以增加自由基，从而不利于身体健康，引发炎症，影响肠道黏膜完整性以及皮肤健康。请记住，蛋白质是健康皮肤的基石，而糖化会导致包括胶原蛋白和弹性蛋白在内的蛋白质变得僵硬、褪色和脆弱，最终导致皱纹和下垂的出现。

包含益生元的食物来源

- 生菊苣根
- 生的蒲公英
- 生蒜
- 生韭菜
- 生洋葱
- 煮熟的洋葱
- 生芦笋
- 香蕉

补充信息

只要你按照我在这一章给出的饮食方案来规划三餐，并且采纳我给出的菜单，按照计划将食物组合搭配起来，你就能够为你的肠道－大脑－皮肤轴的平衡奠定一个很好的基础。至于你能喝些什么，看看下面的养颜饮品吧，其中的所有饮品你都可以喝。

养颜饮品

我有段时间对某个牌子的无糖冰茶非常上瘾。一开始我一天喝一杯，后来逐渐发展为一天 2 ~ 3 杯，就像有些人对咖啡上瘾一样，我也对它完全上瘾了。我感觉那时候我已经完全离不开它了！我之前还喜欢在晚上喝无糖汽水。但是因为我也会喝很多水和绿茶，所以我并没有想过每天喝这种无糖饮料会对我有什么坏处。但是，我总觉得肚子不舒服，胀胀的，而且一想到自己没喝冰茶，心里就会有些发慌。喝第一口的时候，我也会有畅快感。你是不是也觉得这很正常？

后来有一次我去瑞典做巡回演讲，我的繁忙日程加上当地更健康的饮食文化，让我没有什么机会接触所谓的无糖饮料。刚开始两天，我非常想念我的冰茶，但是第三天之后，我便完全有了新的习惯。我开始能够通过喝纯净水或者苏打水来满足我的需求，在旅行结束时，我已经完全没有了想要喝那些饮料的念头了！我的身体不再那么渴望“假糖”。我发现我不再浮肿和易怒了，早上起床时肚子也平了，并且一整天都是平平的。我觉得自己不痴迷于无糖饮料，更能控制住自己，不会每天中午就控制不住而拼命寻找饮料喝。那次旅程结束后，我也在心里发誓，再也不会重新回到过去的习惯了，我一直坚持到了今天。

我建议大家可以多喝过滤纯净水、苏打水和康普茶，或者也可以试试我的排毒水配方，主要是要远离那些无糖饮料和含有人造甜味剂的饮品。请记住，人造甜味剂会对我们的肠道细菌带来不良影响，增加我们患肥胖症、糖尿病和皮肤病的风险。很多时候我在让患者放弃人造甜味剂后，他们的超重问题都很快得到了解决。

如果你是咖啡爱好者，那么尽量选择在早上喝一两杯，最好是黑咖啡或者有机咖啡，然后其他时间换成茶（整天喝咖啡会影响你的睡眠）。如果你喝酒，可以选择在晚餐时喝一杯红酒。注意不要过量饮酒，酒精对皮肤有害，因为它会导致脱水和炎症等。但是适量饮用红酒确实有美容功效，因为它含有一种抗衰老、对心脏有益、抗癌的抗氧化剂——白藜芦醇，它可以抑制糖化反应，从而减少皱纹的产生。白葡萄酒和桃红葡萄酒则没有这样的功效。

购物清单

你可以将下文的清单添加到你的购物车中，其中提到的食物便是在本章讲述的知识基础上选择出来的。

乳制品

• 希腊酸奶含有益生菌，能保持皮肤清爽、有光泽（注意看包装上的“活性益生菌”字样，并确保每份含糖量少于10克）。

• 如果你喜欢较稀的酸奶，可以试试开菲尔。开菲尔是一种由有益细菌和酵母混合而成的发酵牛奶饮料，它起源于在俄罗斯境内及周边地区的高加索山脉附近。

• 如果你喜欢比希腊酸奶口味更温和的酸奶，可以试试冰岛酸奶。冰岛酸奶是挪威和冰岛地区常见的一种乳制品。

• 鸡蛋营养非常丰富。它们是优质蛋白和ω-3脂肪酸的极佳来源。可以多选择一些富含ω-3脂肪酸的鸡蛋，这种鸡蛋多产自以亚麻粉喂养的散养鸡。记住，不要害怕吃蛋黄。蛋黄能提高血液中高密度脂蛋白胆固醇（一种有益胆固醇）的水平，并含有B族维生素胆碱和抗衰老类胡萝卜素，如叶黄素和胡萝卜素。

• 以杏仁奶或者椰奶代替牛奶。这些奶都是普通牛奶的绝佳替代品，因为它们含有促进皮肤生长的营养成分，并且不会增加你患痤疮的风险。

水果

• 蓝莓、石榴、树莓等浆果类水果富含抗皱的抗氧化剂和多种维生素。

• 香蕉富含维生素 A、维生素 E 和 B 族维生素，可以起到抗衰老和平滑皮肤的作用。但它也是含糖量最高的水果之一，所以不要吃太多（一天不要超过一根）。

• 橙子和葡萄柚富含维生素 C，维生素 C 也是一种抗氧化剂，可以通过帮助皮肤重建胶原蛋白来延缓衰老。

• 苹果的纤维含量非常高。一个中等大小的带皮苹果可以提供给你每日所需纤维的 25%，帮助你控制热量摄入，甚至为有益的肠道细菌提供营养。此外，苹果的纤维还是一种益生元。

• 牛油果含有健康的脂肪，你的细胞膜（包括皮肤的细胞膜）需要这些脂肪吸收水分，排出毒素。

• 柠檬、酸橙含有重要的植物营养素，对身体健康有多种促进作用，如稳定胶原蛋白和维持弹性蛋白。

蔬菜

• 菠菜、甜菜和羽衣甘蓝等深色绿叶蔬菜富含类胡萝卜素，可以增强人体免疫功能，保护皮肤细胞免受紫外线辐射和污染的影响。它们的抗氧化和消炎作用最终有助于抑制阳光造成的皮肤炎症。绿叶蔬菜也是锌的极佳来源，锌可以帮助你的皮肤分解受损的胶原蛋白，促进新的胶原蛋白形成。

• 芦笋不仅是一种益生元（主要是生吃），它也是生物类黄酮的最好来源之一，这种类黄酮可以强化皮肤中的毛细血管，有助于防止毛细血管破裂（经常出现在玫瑰痤疮等疾病中）。它还含有一种叫作谷胱甘肽的抗氧化剂，由肝脏自然产生，并存在于细胞中。它在细胞对抗自由基损伤中起着重要作用。

• 番茄含有番茄红素，当番茄煮熟后，身体更容易吸收番茄红素。番茄红素有助于促进皮肤光滑。

• 南瓜和胡萝卜含有 β-胡萝卜素，这是一种类胡萝卜素，还含有维生素 A，有助于促进皮肤细胞的更新，使皮肤表面的死亡细胞脱落，让下面的健康细胞显露出来。注意：饮酒会消耗体内的维生素 A，所以在暴饮暴食之后可以吃一些富含维生素 A 的食物。其他维生素 A 的来源包括羽衣甘蓝、芒果和西瓜。

鱼类

• 鳟鱼、沙丁鱼和鲈鱼（欧洲海鲈鱼）富含 ω-3 脂肪酸和蛋白质。研究发现 ω-3 脂肪酸有助于对抗皮肤炎症，保护皮肤免受阳光伤害，使整个皮肤看起来光滑。此外，这 3 种鱼所含的热量都很低。

• 三文鱼（野生的）富含 ω-3 脂肪酸，可以说是世界上对心脏最有益的蛋白质来源。它还含有维生素 A、维生素 D、B 族维生素和维生素 E 以及钙、锌、镁和铁等营养素，这些都有助于保持皮肤年轻、柔软和有光泽。我每周至少为我的家人做两次三文鱼。我的女儿甚至感觉自己正在慢慢学会阅读，因为三文鱼是“健脑”食品！

动植物蛋白

• 如果你爱吃红肉，可以每周让自己“放纵”一次，吃一些有机牛肉，但是注意要选择高质量的草饲牛肉。这些食物含有有益脂肪，并且富含铁元素，能够为皮肤、头发和指甲提供营养。此外，你可以每周多吃一些白肉，如鸡肉、鱼肉或者火鸡肉。

• 一些豆类食物也是很好的植物蛋白、膳食纤维、锌和 B 族维生素的来源。

坚果

• 干烤或生的无盐杏仁、核桃、榛子和开心果富含纤维、蛋白质和ω-3 脂肪酸。澳大利亚坚果富含单一不饱和脂肪酸，腰果富含维生素E（一种强大的抗氧化剂）。我最喜欢的是富含锌的南瓜子和富含维生素 E 的葵花子。另外，坚果中的脂肪有助于身体吸收食物的营养。无论我走到哪里，我都随身带上一袋坚果，我还喜欢在酸奶中加入坚果，增加酸奶的嚼劲。

• 奇亚籽是强大的抗衰老食品，它含有 ω-3 脂肪酸，具有抗氧化和抗炎特性，能够保持皮肤和头发健康。它也被认定为益生元，因为它含有可溶性纤维，能够为肠道菌群提供营养。

其他食材

• 实验证明，肉桂可以促进胶原蛋白的产生。此外，由于它还有通过刺激胰岛素受体而增加细胞利用葡萄糖的能力，所以还有助于稳定血糖。更重要的是肉桂可以降低细胞炎症，从而减少青春期的各种皮肤问题。

• 传统（轧制）燕麦、快煮燕麦和钢切燕麦富含纤维，可以帮助我们控制体重，稳定血糖，促进有益细菌的繁殖，并预防心血管疾病。

• 姜黄在养生圈和美容圈一直是一种常见材料。它是一种天然的抗炎物质，含有活性化合物——姜黄素，具有多种细胞保护特性，有助于肤色均匀。姜黄是生姜家族中的一员，也是使某些咖喱变黄的成分，有助于保持皮肤柔软、富有弹性，同时防止氧化压力，缓解皮肤衰老。我喜欢把它撒在烤蔬菜上（注意：姜黄确实能减缓血液凝固，这也使其成为减少淤伤风险的一个因素。为了尽可能缩短伤口愈合时间，在手术之前不要吃它）。

- 特级初榨橄榄油富含一种叫作油酸的“润肤剂”。橄榄油中的必需脂肪酸能够滋养皮肤，并具有消炎的特性。橄榄油还含有多酚，它是一种有效的抗氧化剂，已被证明可以改善皮肤健康状况，这种成分在其他食品中很少见。

第 7 章

减压很重要
给皮肤恢复的时间

我有一个 42 岁的患者丹妮尔，当她找到我时，她的痤疮问题已经完全失控了（她在青少年时期从来没有受到过痤疮的困扰），并且还出现了非常严重的玫瑰痤疮、皱纹和褐斑等。当我看到她时，我就可以断定她的问题远远不止皮肤衰老，这不仅仅是阳光照射、不良饮食和缺乏皮肤护理所造成的。在我看来，丹妮尔应该正在经历人生中压力很大的一段时光，而这些压力则反映在了她的脸上。她甚至出现了严重脱发的问题。“我能在梳子上和排水口看到大团的头发，”丹妮尔说，“大家也经常关心我的状态，我大概看上去非常疲惫或者带着病态吧。”当我问她是如何处理压力以及她是否有自己的时间时，她沉默了。她没想到皮肤科医生会问这些问题。

虽然大家都知道，长期压力可能会对身体有害，但人们没有意识到许多日常生活习惯也会加剧这种压力，进而破坏人体中那些对皮肤有益的微生物之间的平衡。例如，我的许多患者都不知道缺乏锻炼、睡眠有问题和数码产品成瘾对皮肤的影响有多大，甚至可以说不知道对身体的影响有多大。当我给出“让你的心率每天能有 20 分钟处于加快状态”“学会冥想”“关注你的睡眠习惯”等建议时，许多人都感到很惊讶。

但是这些建议都是非常有必要的。如果你不花时间从日常生活的压力中恢复过来，你就不可能拥有容光焕发的健康皮肤。压力对我们的影响可以达到微生物组的层次。通过阅读第 3 章，你应该已经了解了很多关于压力的生物学知识及其对皮肤的影响。在本章，我们将探讨休息和恢复这一过程背后的生物学知识，以寻求修复皮肤的方法。我将用一个例子说明 3 种简单的生活方式——体育锻炼、冥想和睡眠的作用，它们比任何面霜、乳液或皮肤科手术都更有用，科学家们终于揭开了这些生活方式背后的神秘面纱，这些生活方式不仅能够促进身体的激素平衡和潜在的生物学机制，而且还有益于身体微生物组，从而帮助维持皮肤健康。这些生活方式背后的科学也是非常令人惊叹的。

锻炼的功效远不止瘦身

我们往往认为锻炼的好处是保持身材和控制体重，但很少考虑锻炼在保持皮肤年轻和紧致方面的深远作用。令人惊讶的新研究表明，运动不仅能达到这个效果，对于那些较晚开始运动的人来说，锻炼还能逆转皮肤老化的过程。所以，什么时候开始运动都不晚！加拿大麦克马斯特大学的一组研究人员曾养过一批老鼠，并且通过培育方法使这些老鼠早衰，研究结果表明，在跑步轮上进行有规律的运动可以防止甚至消除早衰的迹象。与那些没有运动、被迫久坐的对照组老鼠相比，这些保持运动的老鼠的心脏、大脑、生殖器官、肌肉和皮毛都更加健康，毛发也没有变灰。而那些不运动的老鼠则很快就变得虚弱多病、精神错乱、毛发变白或者脱毛。于是科学家们推断，如果运动可以预防动物皮肤因年龄增长而老化，那么运动也可能对人类的皮肤起到相同的作用。进一步的临床研究表明，运动（每周至少进行 3 小时中等强度或剧烈的运动）的确可以改善老年人的皮肤，使其皮肤构成更接近年轻时的状态。具体年轻多少呢？在某些情况下，运动甚至可以让你年轻 20 岁。

大家应该还记得，皮肤的自然老化过程需要表皮的最外层——角质层——逐渐增厚，角质层主要由坏死的皮肤细胞和一些胶原蛋白组成。但当我们 40 岁左右时，角质层就会开始发生变化，变得更密集、更干燥，也更薄。与此同时，表皮下面的真皮层也会开始变薄并失去弹性。因此，皮肤会变得透明，看起来也会更松弛。这些生理变化会与由环境所引起的皮肤损伤同时发生。所以，一想到我们可以通过锻炼（而且免费）来减缓甚至逆转这些与年龄相关的变化，真的是非常令人惊讶。

截至目前，虽然所有研究采用的都是小样本量的方法，但是这些研究结果揭示了许多我之前所未知的新发现，让我们知道了更多锻炼的益处，为日后更多的研究铺平了道路。2015 年，儿科和运动科学教授马克 · 泰诺波尔斯基博士指导加拿大麦克马斯特大学的一个研究团队进行了一项研究，该研究通过观察定期运动对皮肤的影响，从而揭示出汗和心率加快时人体可能会出现的变化。运动能够促进皮肤的新陈代谢以及皮肤内细胞的线粒体健康。线粒体是一种存在于某些细胞内部的微小结构，能够以三磷酸腺苷（ATP）的形式产生化学能。所有线粒体都是独一无二的，有自己的 DNA。人们认为线粒体起源于古老的单细胞生物，通过进化、演变最终成为我们细胞的一部分，以产生新的化学能。线粒体也被认为是微生物组的第三个维度，与肠道微生物组之间有着特殊的关系。随着我们年龄的增长，线粒体的健康状况会恶化，从而损害细胞的新陈代谢。事实上，科学家们认为年龄增长带来的皮肤变化也是由线粒体的老化导致的，这种变化可以通过锻炼来抑制或减缓。

泰诺波尔斯基博士指导的研究小组选出一组每周进行4小时以上高强度有氧运动的运动爱好者作为受试者，并且从他们的臀部提取皮肤样本，与那些久坐不动的对照组的皮肤样本进行了对比，这里的久坐不动的人群指的是每周锻炼1小时甚至更少的人。结果表明，与久坐不动的受试者相比，经常运动的受试者体内健康线粒体的数量明显更多。作为同一项研究的一部分，泰诺波尔斯基的团队还对一组久坐不动的老年人进行了干预研究，让这些老人通过自行车运动项目进行了12周的耐力训练，结果发现他们健康的线粒体水平也有所提高。这些线粒体的变化也会伴随着皮肤外观的改善。研究人员发现，这种变化是由运动后释放的白细胞介素-15（IL-15）决定的，白细胞介素-15是免疫反应环节中的一种分子，会在遇到病毒和病原体时被激活。

运动对血管的影响也是它对皮肤健康有益的原因之一。当我们开始锻炼时，血液会流向皮肤，并使血管开始收缩。但是随着我们继续锻炼，体温会逐渐上升，血管开始舒张，这意味着我们的血管会扩张或变宽，从而增加皮肤的血液流动。长期来看，这会对维持皮肤系统的血管带来积极影响。通过长期的运动训练，可以增加流向皮肤的血流量峰值，这对皮肤的健康和外观都是一件好事。

我知道，对于锻炼的好处，你一定已经听过许多次了，除了对皮肤有好处外，锻炼还是化解许多危害我们健康的问题的解药。它可以改善我们的身体机能，包括新陈代谢、身体强度和力量以及骨密度等。

当然，如你所知，锻炼还可以帮助你保持理想的体重。如果你选择了适合自己的运动，它还会让你感到愉快，减少你的压力，同时增加你的幸福感和自我价值感，给你更多的能量。

锻炼可以由内而外地改善你的身体

科学证明，锻炼有以下好处。值得注意的是下面许多锻炼的好处都与降低患皮肤病的风险相关，因为皮肤依赖于理想的新陈代谢、肠道健康和激素平衡。运动还有助于降低炎症水平，这也是预防皮肤病的最有效方法之一。

- 增强耐力、力量、灵活性和协调性。
- 增强肌肉张力和促进骨骼健康。
- 增加血液和淋巴循环，以及细胞和人体组织的氧气供应。
- 提高睡眠质量。
- 减压。
- 增强自尊心和幸福感。
- 释放内啡肽，它是自然的情绪提升剂和止痛剂。
- 减少对食物的渴望。
- 降低血糖水平。
- 控制体重。
- 促进大脑健康，增强记忆力，降低患阿尔茨海默病的风险。
- 促进心脏健康和降低患心血管疾病的风险。
- 降低患炎症和与年龄相关的疾病的风险，包括降低患癌症的风险。
- 提高活力和劳动积极性。

人类天生就是需要运动的。但是现代科技让我们几乎坐着不动就可以生存下去。现在也有许多研究表明，久坐确实会对我们的健康带来巨大危害。久坐会危害新陈代谢，增加过早死亡的风险，无论你的年龄、体重或者体力活动是多少。换句话说，在健身器材上锻炼 1 小时并不一定能消除这一天其余时间坐着（如坐在电脑前、开车和看电视）所造成的伤害。因此，我们不仅需要进行体育锻炼，还需要在一天中时不时地站起来活动。你也不会想要一坐就是几个小时，直到全身肌肉僵硬、血液循环停滞吧？

谈到如何锻炼才能改善身体的生理机能以及心理状态这个话题，相关内容可以写一本书，事实上也有许多这类主题的书。请记住，当我们跳舞、参加自行车训练或者快步走的时候，我们的体内会发生许多生物活动。如果你还没有锻炼计划，那么本章的内容将激励你开始制订并实施你的锻炼计划，并且能够让你每天更活跃。我保证，即使是那些完全不喜欢运动的人也可以做到。你要做的非常简单，只需要找到一些你喜欢并想要定期做的运动。在理想情况下，你所选择的运动会帮助你提升肌肉质量、灵活性以及心肺健康。你的循环系统和呼吸系统足够健康意味着能够在持续的体力活动中为你提供“燃料”和氧气。

因此，想要促进身体健康，让皮肤更美丽，就需要一项全面的锻炼计划，其中包括针对心血管的锻炼、力量训练和伸展运动。这些活动都会对你的新陈代谢、延长寿命有积极影响，使身体达到最佳状态。从正规的体育课到游泳、骑自行车、跑步等经典运动，再到室内健身运动，很多活动都能满足你的锻炼需求。如果你还没有养成锻炼的习惯，注意一定不要一开始做得太剧烈。盲目追求锻炼的量和速度反而不利于形成良好的健身习惯，因为你可能会筋疲力尽，从而再次变成一个“宅家派”。锻炼要从简单的运动做起，一开始可以每天散步 30 分钟，制订你自己的健身方案，逐步增加运动强度，如每周有五六天进行 60 分钟的中度运动，并增加两三天的力量训练。

通常来讲，锻炼所带来的好处是可以累积的。你可以每天少量多次地进行短时间的锻炼（减少久坐的时间），或者你也可以遵循一个固定的计划，每周中的五六天都抽出一个小时左右的锻炼时间。但是，即使你选择抽出整块的时间锻炼，其他时间也不要让自己久坐不动。我将在第 10 章中帮助你制订一个运动计划，让你更好地规划一个适合自己的锻炼方案。

一起冥想吧

如果你也和之前的我一样对瑜伽不感兴趣，你一定很想跳过这一部分，但是，听我说，千万不要！如果是几年前有人跟我说瑜伽或者冥想的好处，我一定一点都不想听。我过去是一个喜欢一心多用、身兼数职的人，一个典型的 A 型个性[①]的人。我有运动的习惯，会跑步，会去跳蹦床，但不是一个喜欢深呼吸静下来的人。“放松”这个词过去从来没有出现在我的字典里。但是，像我之前那样喜欢

① A 型个性是一种性格类型，其特征为进取心强、性情急躁、竞争性强、易感到压力。——译者注

同时处理很多任务的人则更需要阅读这一部分的内容。我保证你一定会有所收获。这一部分的内容很重要，因为冥想是帮助你保持心态平和的一个捷径，所以它也能够舒缓你的皮肤。我现在也会试着每天冥想一次。

本书的前几章里，我谈到了心态和皮肤之间的关系，这种关系甚至推动了一个新领域的出现和发展，那就是精神皮肤病学或精神皮肤医学。对我们来说，冥想的作用在于它能引发所谓的放松反应。这里的“放松反应”是哈佛医学院的赫伯特·本森博士所普及的一个术语。本森博士希望能利用这个术语来描述冥想所能达到的效果，并且希望能传播冥想的益处。他还写了一本影响力很大的书，书名为《放松反应》（*The Relaxation Response*），并于 1975 年首次出版，至今仍在销售。在放松反应期间，身体会释放化学物质和大脑信号，以缓解肌肉紧张，减缓器官运转的速度，增加流向大脑的血液。这种反应可以缓解身体不适和思想焦虑，从而减少由这些问题引发的皮肤问题（及其他问题）。科学家们现在推断，在放松反应期间发生的生物变化从本质上阻止了身体将心理上的担忧转化为身体上的炎症。放松反应的体验似乎改变了大脑中与应激反应相关区域的细胞连接。另外，还有一个好消息是我们可以通过一些日常动作启动放松反应，从而更轻松地应对生活中持续存在且不断增加的压力。

传统的冥想并不是启动放松反应的唯一方法。其实本森博士的职业使命之一就是推广那些可以启动我们的放松反应的方法，这些方法不仅包括念经和点蜡烛，其实像瑜伽、渐进式肌肉放松、太极、重复祈祷、集中呼吸、想象和引导意象都是可以引发放松反应的练习。以深呼吸为例，这种缓慢的深呼吸之所以有效，其中一个原因是它会引发副交感神经反应，而非交感神经反应。交感神经系统是在我们感到压力时开始运转的，它会导致压力激素皮质醇和肾上腺素的激增。另一方面，副交感神经系统则可以激活放松反应。深呼吸几秒，你就能感受到它的效果，我们的身体从焦虑、高压力状态切换到放松和镇定状态需要涉及许多层面，而这种深呼吸是能够帮助我们平静下来的最快方法。

在有关深度放松和冥想对身体的影响等研究中，我想着重说一下 2005 年由美国马萨诸塞州综合医院的研究者进行的一项研究，这些研究人员的成像研究显示了冥想是如何促使人体进入放松状态的。冥想会引发大脑的活动区域发生变化，从大脑皮质的一处转移到另外一处。图像扫描显示，脑电波从大脑压力中心（右额叶皮质）转移到相对更平静的一侧（左额叶皮质）。大脑活动向与放松有关的区域进行转移，这在一定程度上解释了为什么冥想者在达到冥想状态后会更平静、更满足。此后一些更新的研究还告诉我们，冥想可以激活有抗炎本质的基因。想必你已经知道了，能减少身体炎症的运动对皮肤健康都是有好处的。

前文中我们提到了冥想是一项可以引发放松反应的活动。现在我想说的是冥想并不复杂，你只需要停下手头的事情片刻，将自己完全沉浸在你的呼吸中，控制你的吸气和呼气。你可以在任何时间、任何地点做深呼吸。如果你之前没有冥想过，那么你可以从每天做两次深呼吸练习开始，为进入更高阶段的练习打基础。我的方案中建议你每天抽出几分钟的时间，最好是早上，做一些基本的深呼吸。下面是我自己很喜欢的深呼吸练习方法，很容易上手。

基础的深呼吸练习

用舒服的姿势坐在椅子或者地板上。闭上眼睛，确保身体处于放松状态，逐步放松颈部、手臂、腿部和背部。用鼻子深深地吸气，时间越长越好，感受胃部逐渐向外扩展，横膈膜收缩下移，腹部逐渐鼓起。当你感觉自己已经吸满了空气时再多吸一点点。然后保持这个状态默数 20 秒，再慢慢地呼出气体，将肺部的所有空气都呼出去。用同样的方式连着做至少 5 次。

5 种减压的方法

- 去感受大自然（骑自行车、徒步、野营、去沙滩，或者去外面散散步）。
- 记录自己的感恩日记，唤起感激之情。
- 注意控制社交媒体的使用：阅读邮件或者浏览社交媒体网站时要给自己限制时间，注意要有交友和维持现有友谊的意识。
- 当吃饭时或者与朋友和家人交谈时，不要看电视、用手机或者玩电脑。
- 每个月或者每隔几个月做一次水疗。

美容觉是真的有效

“美容觉”这个词并不是瞎讲的。我们的身体能够直观地反映出睡眠不足，尤其是长期睡眠不足造成的影响，我们的外表也会受到影响——黑眼圈变多、皮肤泛红、出现炎症、细纹和皱纹增多以及皮肤大面积脱水等。现在大量结果表明，睡眠不足会导致各种疾病出现。睡眠质量确实会影响皮肤的功能和健康，令人惊讶的是睡眠和人体的微生物组也有紧密联系。

在我上学的那个年代，睡眠医学还不存在，但是如今睡眠医学已经发展成为一个备受关注的研究领域，相关研究也在不断发现睡眠的时间和质量对我们各个身体系统的惊人影响。睡眠并不是一种简单的休息状态，也并不是身体暂时“按下暂停键”的状态。睡眠是一个非常重要的身体再生阶段。事实上，在睡眠期间，从细胞水平来讲，有数十亿个分子仍在运转，以确保你能在第二天正常醒来。

有关睡眠对我们生活的影响的研究有很多，许多实验室和临床研究都将其作为研究方向，并且还有许多书籍也以此为话题。充足的睡眠能让你保持创造力、思维敏捷、高效率，并能快速处理信息。睡眠还会影响你对饥饿的感受和食量，影响你对食物的代谢效率和免疫系统的强大程度，影响你的洞察力和应对压力的能力，还可能影响记忆力。研究证明，睡眠时间过长或者过短（对大多数人来说，一天睡眠 7 ~ 9 个小时就够了），与身体所需不相符的话，会导致身体出现一系列的健康问题，如患心血管疾病和糖尿病等，甚至会使你精力不够、出现车祸或者工作失误、学习和记忆出现障碍、体重增加，当然也包括患皮肤病等。

睡眠对于皮肤的作用，如同食物和水对于身体的作用。如果你没有获得足够的“养分”，你的皮肤就会失去所需的营养和水分。长期睡眠不足会对我们的身体造成许多内部影响，各类激素受到的影响最大，从而也会对我们的皮肤造成明显的影响。简单来说，身体内部的不平衡会导致皮肤的不平衡。我们身体中的细胞会在睡眠期间进行再生。所以，当你睡眠不足时，细胞的更替，包括皮肤的更替，都会停止，你的外貌也会因此变得暗淡。此外，睡眠不足还会影响皮肤的天然屏障功能，导致皮肤干燥，对外界刺激更加敏感。

睡眠之所以对皮肤健康如此重要，主要是与它在昼夜节律这个特定的生物现象中所扮演的角色有关。我们体内都有一个生物钟，它是由昼夜循环的活动模式所决定的。这些节律每一天都在重复地循环，包括我们的睡眠－觉醒周期、激素水平和体温的升降等。当你的生活节奏与身体预期的昼夜模式不同步时，你就会感觉不像你自己，或者说感觉有些东西不对劲。如果你曾经穿越时区经历过时差，或者熬过夜，那么你就会知道昼夜节律紊乱意味着什么，甚至感受过它造成的痛苦。

需要记住的是昼夜节律与你的睡眠习惯有关。事实上，健康的节奏会使激素分泌模式在正常标准上运作，这里的激素包括那些与压力、细胞修复和更新有关的激素，也包括那些告诉你什么时候吃东西的饥饿信号。举个例子，我们主要的两种食欲激素——瘦素和胃促生长素就控制着我们饮食模式的“开关”。胃促生长素告诉我们需要吃东西，瘦素则会让我们知道我们已经吃饱了。最近的科学研究也开始聚焦于这两种激素，获得了一些惊人的发现。现在有数据表明，睡眠不足会导致这两种激素失衡，进而对饥饿感和食欲产生不利影响。在一项具有极高学术影响力的研究中发现，在人们被要求连续两晚每晚只睡 4 个小时的情况下，他们的饥饿感增加了 24%，并且会倾向于选择一些高能量的小吃、高盐的零食和淀粉类食物。这可能是因为身体在寻找快速补充热量的方法，而在加工过的精制碳水化合物中会更容易找到能量。

通常来讲，皮质醇会在早上达到峰值，然后在一天中慢慢减弱。皮质醇作为一种压力和免疫调节激素，一般会在晚上11点后达到最低水平，而同时褪黑素的水平则会在这段时间上升。褪黑素是由松果体分泌的，是一种非常有效的抗氧化激素，能够向大脑发送睡眠信号。在人类进化的数百万年以来，它一直负责提醒人类大脑的是“天黑了，要睡觉了”，从而帮助人类调节昼夜节律。随着褪黑素的释放，我们的身体节奏也会逐渐变慢，血压和核心体温开始降低，从而引起睡意。

最新的一些研究显示了一些令人难以置信的发现：微生物组和昼夜节律之间存在新发现的联系。越来越多的研究表明，肠道中有益的微生物实际上可能负责调节我们的昼夜节律。如何调节呢？事实证明，我们的肠道微生物也有一个常规状态。就像发条一样，这些肠道微生物会在肠道黏膜的某一特定部分开始一天的活动，向其他方向移动几微米，然后又会回到原来的位置。一些研究人员拿老鼠做了实验，结果发现，随着时间的推移，这些有规律的移动轨迹会将肠道组织暴露于各种微生物及其代谢物中，从而影响我们的昼夜节律。所以，这些微生物的运动轨迹如果被打乱，我们也会受到影响。

多项研究表明，睡眠与炎症也有密切联系，睡眠不足会导致白天出现炎症反应，进而影响人体的免疫力。这样你也会明白为什么自己之前睡眠不足的时候会更容易生病了吧？睡眠紊乱会让你更容易受到感染，并且也会更容易出现其他身体问题。慢性炎症也可表现为皮肤病。另外，你知道如果睡眠不足，皮质醇水平居高不下会有什么后果吗？答案是它会导致人体胶原蛋白分解，这对你的皮肤而言也并非一件好事。

现在你应该也认识到睡眠的巨大作用了，良好的睡眠能使我们的身体处在最佳状态，从而使我们的皮肤更加健康。所以，现在让我们来聊聊如何才能把睡眠体验调整到最佳状态，并且摆脱失眠的困扰吧（在美国，有1/4的人患有失眠症）。我将在下文简要地给大家一些建议，在第10章中，我也会告诉你如何将这些建议融入你的个人计划中。在计划的第2周，你的重点将更多地放在睡眠习惯的养成上，因为那时你的饮食习惯已经改变了，能够帮助你获得安稳的睡眠。

坚持固定的睡眠时间。每个人的睡眠需求都不同，你只能从自己的经验中总结自己的需求。你要找到自己每天所需的睡眠时间，也就是睡多长时间可以让你早上醒来时感到精神焕发，并且不需要靠咖啡来保持一天的工作效率。找到自己所需的睡眠时长也并不难，不需要你去做什么非常有技术含量的睡眠研究。需要注意的是你要严格遵守一个作息规律，基本上每天都在同一时间睡觉和起床。许多人喜欢周末多睡一会儿，但是其实这样做反而会破坏健康的昼夜节律。确保自己在午夜前上床睡觉，这样你才不会错过慢波睡眠阶段。

临睡前把自己当作孩子。任何家里有小孩的人都知道，孩子在睡觉前是有一套固定仪式的。这种仪式也有助于睡眠，就像巴甫洛夫的条件反射实验一样，睡前仪式让孩子的身心为睡眠做好了准备。所以，你也应该在睡觉前留出至少30分钟来给你的身体发出信号，告诉它准备睡觉了。使自己从刺激的活动（如工作、玩电脑、看手机等）中脱离出来。你可以洗个热水澡，听一些舒缓的音乐或者读一会儿书。躺下之前你也可以做一些深呼吸练习。

减少电子设备的光线伤害。在睡觉前关掉电子设备，或者通过打开平板电脑和智能手机的夜间模式来减少屏幕光线。大多数自然光和人造光都含有一种蓝色波长，这种波长会干扰褪黑素的产生，刺激大脑中的警报中枢，让我们保持清醒。你也可以将这些电子设备都放在卧室外面，让自己在睡觉时可以远离它们。2015 年，神经科学家安娜－玛丽亚·昌和她的同事证明，发光设备会干扰睡眠，扰乱人体的昼夜节律。此外，这种影响甚至会从晚上一直持续到第二天早上。

保持睡眠环境的凉爽、黑暗和清洁。理想的睡眠温度是 16 ~ 19℃。睡觉时可以使用睡眠面罩或者遮光罩（如果你喜欢，你也可以试试发声器[①]）。此外，要注意保持卧室的干净整洁（杂乱会让你更有压力）。

注意那些“睡眠小偷”。药物（包括咖啡和酒精）确实会影响睡眠。身体处理咖啡因需要时间。所以，如果你入睡困难，尽量在下午 2 点后不要再喝含咖啡因的饮料。酒精对睡眠的影响则好坏参半。虽然酒精会让你感到困倦，但它会影响你的身体，扰乱正常的睡眠周期，尤其是帮助你消除疲惫、恢复精神的慢波睡眠阶段会受到极大影响。另外，药物，无论是非处方药还是处方药，都可能含有影响睡眠的成分。例如，许多治疗头痛的药都含有咖啡因。一些感冒药可能含有刺激性的减充血剂（如伪麻黄碱，它与肾上腺素在化学方面有关系）。许多常用药物的副作用也会影响睡眠。注意你正在服用的药物，如果它们是你必须服用的药物，那么询问医生是否可以在一天中早些时候服用

① 发声器是用来帮助人们睡眠的设备。这些机器会发出各种有助于睡眠的声音，用来掩盖其他可能使人保持清醒的噪声。——译者注

这些药，因为那时药物对你的睡眠影响更小一些。

让清晨的阳光重置你的生物钟。位于美国加利福尼亚州拉霍亚市索尔克生物研究所调控生物学实验室的萨特旦安达 · 潘达教授曾对生物钟问题做过大量的研究，试图探索它与我们的基因、微生物组、饮食模式、体重增加，甚至是免疫系统之间的关系。潘达教授的重要发现是眼睛中的光传感器官会与下丘脑协同工作，以保持我们的身体正常运转。你可能还记得，下丘脑是大脑的一部分，连接神经和内分泌系统，并能调节我们身体的许多自主功能，尤其是新陈代谢。下丘脑的视交叉上核会直接从视网膜的光传感器官接收信息，然后触发与我们身体“时钟”相关的特定基因。这就是为什么晨光有助于重置我们的昼夜节律。如果你觉得睡不醒，或者在你知道该睡觉的时候总是睡不着，那么可以试着出去走走，沐浴在清晨的阳光下，这样可以帮助你调整生物钟。

考虑是否需要做睡眠方面的医学检查。如果你已经尝试了上述所有方法，但仍然无法获得良好的睡眠，或者如果你发现自己需要长时间依赖睡眠辅助设备才能睡着，那么你可能需要考虑进行睡眠方面的医学检查，以排除其他问题，如是否有未诊断出的睡眠呼吸暂停综合征。睡眠呼吸暂停综合征是一种可以治愈的疾病，全球目前有 2 200 万人受这一疾病的影响，它是由睡眠时的呼吸道塌陷——喉咙后部的肌肉无法保持呼吸道畅通引起的。因此，患者会出现短暂但频繁的呼吸中断，使得睡眠不连贯，断断续续。睡觉时多梦且有较响的鼾声都是患睡眠呼吸暂停综合征的迹象。当然，进行睡眠方面的医学检查需要你在一个可以监控和记录你的睡眠情况的睡眠实验室里过夜。

其实，无论是我们晚上的睡眠习惯，还是我们清醒时的活动以及白天的饮食和锻炼模式，归根结底都是我们身体对于平衡和规律的渴望。当你有规律地锻炼时，就会引发放松反应；当你晚上睡得好时，就会让健康的“天平”向你倾斜。在接下来的内容中，你将会学到更多关于睡眠的知识，我也会指导你如何安排锻炼、如何找时间冥想（或从事另一种放松活动）以及如何保护你的睡眠时间。

第8章

护肤要谨慎

维护我们的皮肤菌群

对我而言，最令我兴奋的就是帮助大家达到身体的最佳状态，并且通过各种现代医学手段来帮大家实现目标，拥有美丽、健康的皮肤。除了我在本书开头分享的童年经历外，我成为医生的这个决定其实还受到了许多其他因素的影响。最初我被医学领域吸引是因为我生长在不太寻常的家庭环境中。我的父亲从3岁起就完全失聪了。我的母亲则一直被手语所吸引，并且决定进入美国纽约大学攻读手语专业的硕士学位。猜猜谁经常在我母亲的课堂上讲课？没错，就是我的充满活力和魅力的父亲，他拿到了美国纽约大学的博士学位。那里也成为他们相遇的地方。

结为夫妻之后，我的父母也一直互相支持着对方去实现梦想，试图让有关残疾人的话题受到主流媒体的关注，并且能向世界展示残疾人身上的价值与意义。我的父亲成为一名为残疾人争取权利的领袖，我的母亲最初是一名聋人教师，后来成为一名手语治疗师，为有特殊需要的儿童服务。我家的朋友也是一群不拘一格、非常有趣的人，他们中有一些人是有特殊需要的人，有一些人则是普通的孩子和父母。

与他们一起相处，我很快就学会了不总是盯着一个人的外在残疾，而更关注其内在。

今天，作为一名皮肤科医生，我的个人经历也使我拥有了独特的视角。我的工作让我有能力赋予他人力量，并且这一过程也使我每天都充满了活力和动力。我的治疗方案不仅仅能为我的患者带来身体上的变化，而且随着他们皮肤的改善，他们在心理上也都能有所转变。而我也像他们一样，很乐意看到这种变化。

当我还在医学院读书时，虽然空闲时间不多，但还是可以利用空闲时间去向各个领域的专家学习，这样也帮助我更好地确定了未来想要主攻的医学方向。你大概也能猜到，我当时在皮肤科待了很长时间，当时美国宾夕法尼亚大学的痤疮诊所尤其引起了我的兴趣。在这一诊所跟随导师学习时，我遇到了一些患有严重痤疮的患者，其中一些人甚至因为痤疮病变在脸上留下了除不掉的瘢痕，还有许多人因此受到了情感创伤。但是，随着他们皮肤的好转，我目睹了他们性格的转变以及自信心的增长，这一变化也深深地影响了我。许多青少年一开始来的时候戴着棒球帽，留着厚厚的刘海，不愿意与人进行眼神交流。不过随着治疗的推进，他们也开始慢慢转变了。他们逐渐走出了自己的“壳”，开始与人约会，参加运动会和学校比赛，学业上的表现甚至也更好了。我也被这些患者的经历所打动，这种感受是其他任何领域都无法给予的。此后，由于我对微生物学的热爱和我对人类微生物组相关科学发现的深入学习，我开始痴迷于研究微生物组对皮肤的影响，并且将这些知识应用到我的工作中。

正确的皮肤护理有两个首要目标：一是保持皮肤的天然微生物

组；二是给皮肤补充所需营养，使其保持健康和年轻，减轻时间和环境导致的老化问题。在第 4 章中，我们从对微生物组的研究进展的角度谈了皮肤护理背后的科学。而在本章中，我将告诉你我总结的护肤准则，帮助你建立一个常规的皮肤护理流程（我将在第 10 章提供具体的每日早、中、晚的待办清单和计划大纲）。本章的目的是让你了解正确的皮肤护理的基础知识，并帮助你学会如何搜索产品或使用家庭护理仪器。本章的内容主要包括如何正确地去角质，以及如何测试 A 醇（类视黄醇）类物质等成分对皮肤的影响。由于本章的信息量较大，所以我建议你在进行每日、每周和每月的饮食规划前都能仔细阅读本章，然后将本章的信息与第 10 章中提到的早、晚护肤方案相结合来制订你的个人方案。

请记住，我们每个人的微生物组都是独一无二的，它们就像指纹一样，没有两个人能够拥有同样的微生物组。尽管我们的皮肤有一定的遗传倾向，但是我们的微生物组在很大程度上还是受环境影响的，其健康程度和内在构成与我们的生活习惯和环境有很大关系。这种关系与我们传统认知中的先天与后天的关系恰好相反：在微生物组方面，我们是有机会能够控制它们的，它们并不是完全由基因所决定的。我们的微生物组也可以影响基因表达，并最终影响我们的健康。而我们若想控制微生物组，方法之一便是建立正确的皮肤护理程序，学会尊重、滋养并支持我们体内的微生物伙伴。你需要将皮肤治疗的重点从大量干扰或消灭有害细菌转变到支持有益菌，从而维护皮肤健康。

有关护肤品牌和护肤流程的说明

如果想要详细了解现在可用的各种治疗方法，如处方、非处方产品以及皮肤科医生问诊等，显然内容太多了，超出了本书的容量。而且，更重要的一点是科技发展日新月异，可能当你读到本书的时候，市场上已经有了新的药物和疗法可以治疗你的皮肤病。给自己制订一个目标，每年去看一次皮肤科医生，检查自己是否患有皮肤癌等疾病，并与医生谈谈你的情况和担忧，寻求医生的专业建议。如果你将本书提供的这些策略与皮肤科医生给你的指导相结合，制订出适合你自己的护肤方案，将取得事半功倍的效果。

许多顶级的企业一直以来也在投入资金用于皮肤护理领域的处方药和非处方药的研发，希望可以发现一些对皮肤的细菌平衡具有积极作用的护肤成分。想要有更多发现，我们仍需进行严格的实验，并且要注重细节。首先，研发人员需要考虑传统的护肤成分对菌群的影响：哪些成分可能会杀死有益细菌，哪些成分又能促进皮肤上健康细菌的生长。问题的答案取决于我们的治疗方法和我们所关注的皮肤部位（腋窝、脸、脖子、背部、手或者腹股沟）。某些细菌喜欢在我们分泌皮脂的地方（如脸部、胸部和背部）大量繁殖，而还有一些细菌则喜欢在我们的皮肤褶皱和折痕处扎根。这也解释了为什么患有同类皮肤病的人的细菌群落的构成类似。尽管将微生物组转化为护肤成分的技术还在发展中，但目前市场上已经出现了许多新的产品，我相信在未来，优秀产品会越来越多、越来越好。

皮肤清洁不再仅仅是去除化妆品和污垢，现在清洁产品的设计要考虑到它们的成分对皮肤菌群的影响。我们正在重新定义“干净”的含义。美国护肤品牌现在明白，“干净”的皮肤上仍然有数万亿个微生物。以前在微生物研究实验室的日子里，我必须将实验环境控制在适当的温度、湿度和 pH，以促进一种细菌的生长，同时防止另一种细菌污染我的培养皿。我甚至不得不在培养基（细菌的“食物”）中加入某些成分，以便有选择地促进其中一种菌株生长，并抑制另一种菌株生长。这也是现在皮肤护理领域的研究方向。

如今，新科学和相关的新产品也层出不穷，我将帮大家整理好相关内容。通过对现有数据的总结，我会告诉你该买哪些产品，同时该在什么地方省钱。

护肤品使用法则

首先，我想说的第一条准则是要弄清楚自己皮肤的好恶。这一点，每个人都是不同的，是由每个人特有的皮肤状况和想要治疗的皮肤病所决定的。比如你很容易患痤疮，那么在你使用过氧化苯甲酰的时候就要小心，要注意观察你的皮肤对它的反应。过氧化苯甲酰会消耗皮肤中的维生素E，使皮肤更容易发炎。此外，这种化学物质还可能杀死你体内的一些有益细菌，所以当我使用那种含有过氧化苯甲酰的抗氧化精华液的时候，我会再涂上一层含益生菌的保湿霜。

我相信，通过一些积极主动的方法，你也可以每天促进自己皮肤的健康。每次当你做一些对皮肤有益的事情时，你也同样给了自己一个保持身体平衡的机会。这一过程没有捷径，它需要日积月累的坚持，如每天尽可能多吃含有益生菌的食物，以及安排时间放松或者锻炼。

有时，你必须根据自己皮肤的状态（这种状态会随着年龄的增长而改变）来改变自己的护肤策略。你体内细菌的需求是多样的，这取决于你所处的具体节气、天气，你旅行的次数和你接触的水源以及细菌从你体内所接收到的信号等。你必须对这些需求做出反应，这种反应在一年里也应该会有所变化。此外，护肤并不存在什么“放之四海而皆准”的方法。对你的朋友有用的东西不一定对你有用。换句话说，你还是需要弄清楚你的皮肤的真正需求！

请记住，在护肤时，要把你的脸和脖颈当作一个“护肤单元”来对待。我们用在脸上的大部分产品也应该用在脖颈处，尤其是防晒霜、抗氧化精华液和面膜。我有许多患者就是因为忽视了他们的脖颈，才导致这些区域真实反映了他们的年龄。

精华液法则

再来说说精华液。抗氧化精华液是一种非常重要但也常常被忽视的产品。它能和防晒霜配合使用，共同保护我们的皮肤免受紫外线中自由基的伤害。抗氧化剂还是对抗红外辐射损害和污染的关键。通过前文的学习，相信你也知道现在许多研究表明红外辐射跟紫外线一样都会导致DNA损伤并产生皱纹。事实上，太阳有一半的能量都是以红外线的形式释放的！我们肉眼看不到这种光线，但是可以感受到。当人体暴露在红外线下时皮肤会被灼伤。红外线不仅来自太阳。一些人工加热设备中也有红外线，如天气寒冷时我们使用的户外取暖设备、厨房里的食物加热器、热瑜伽室、吹风机等。工业环境中也有许多这种加热设备，尤其是在玻璃制造厂和纸张制造厂、需要熔化金属用于焊接的工厂，以及一些纺织品的生产车间。许多从事玻璃吹制行业的老师傅和专业面包师的手臂都会出现过早老化的迹象，原因就是他们持续暴露于热源下。

我建议你早上和晚上分别使用两种不同的精华液，对于这一点，我会在第 10 章中详细说明。早、晚使用的两种精华液所含有的成分略微不同。白天可以选择抗紫外线成分更多的精华液，而晚上用的精华液则含有更多的视黄醇。精华液不像日间保湿霜或者晚霜那样厚重，它的质地较为轻盈，能快速渗入你的皮肤，将其高浓度的活性成分输送给皮肤，被皮肤快速吸收。精华液还含有许多有效成分，能为你的皮肤提供持久的护理效果，也是许多护肤品牌的主打产品类别。虽然精华液因为成分的关系价格比较昂贵，但是每次用一点点就够了，所以买一次可以用很长时间。此外，现在还有许多含有高质量成分的平价精华液产品。千万不要根据精华液的外包装来判断它的好坏！

防晒法则

在外用护理中，你能为皮肤做的最重要的一件事就是使用防晒霜。皮肤的自我更新能力是很惊人的，但前提是你要给它正确的护理！紫外线会对我们的容貌造成损伤，而防晒霜中的成分则可以抵挡紫外线对皮肤的伤害。通过这种屏蔽环境压力源的方法，你就可以给皮肤提供自我更新的机会。2016 年的一项研究发现，若一年中每天涂抹防晒系数为 30 的广谱防晒霜，则可以显著消除紫外线对面部的伤害。具体来说，研究者发现每天涂抹防晒霜的实验对象一年后的斑纹色素沉着减少了 52%，皮肤纹理和皮肤透亮度也分别改善了 40% 和 41%。

许多找我问诊的患者、社交媒体上的网友，以及我的亲戚朋友都经常问我推荐哪种防晒霜。市面上防晒霜的种类太多了。对此，我的回答一直是你能坚持使用的防晒霜就是最好的防晒霜！无论是乳液状的、喷雾状的还是膏状的，防晒霜的质地并不重要，重要的是你要每天都使用这些广谱防晒霜，这些防晒霜最好含有紫外线阻隔成分和能够过滤紫外线的化学物质。你可以一天中多用几次防晒粉或者防晒喷雾来确保防晒效果持久有效。如果你是干性皮肤，你可以选择使用防晒喷雾；如果你是油性皮肤，可以使用粉状的防晒产品。此外，我还建议大家使用防晒系数在 30 以上的润唇膏。说到防晒霜，其实许多因素都会导致这类产品无法发挥其作用。以下是我的一些建议：

- 确保你的防晒霜使用量足够。我对我的患者也经常说这点，若想有效地覆盖自己的脸部、脖颈部以及手部、胳膊和腿部等裸露区域，你需要足量的涂抹防晒霜。

- 正确涂抹防晒产品。你需要在去室外的 15 分钟前涂抹防晒霜。之后每隔两小时重新涂抹一次。对于日常上班族来说，我建议你可以早上涂一次，中午如果计划外出可以再涂一次（现在有许多新的防晒产品不会对你的妆容造成影响）。如果你一整天都要待在太阳下，注意要至少每两小时就重新涂一次防晒霜。另外，游泳后或者出汗后也要重新涂。在有水的地方、雪地以及沙滩附近时要格外小心，可多涂抹一些防晒产品，因为水、雪这些介质能够反射紫外线，增加我们晒伤的概率。此外，阴天的时候也千万不要忘记防晒，80% 的太阳光线是可以穿透云层的。

- 选择那些通过质量认证的品牌产品。有时产品包装上的信息并不一定完全准确。虽然美国食品药品监督管理局要求制造商对其产品进行测试，但是该机构并不会对产品的数据进行核实测试。所以，出于这个原因，我比较喜欢参考《消费者报告》（*Consumer Reports*）上的研究数据，里面对不同产品做了大量测试，以验证产品实际功效是否与其广告中所宣传的相符。有些实验甚至发现一些号称防晒系数达到 50 的防晒产品实际测量出的防晒系数仅为 10。

- 不要使用过期的防晒产品。一定要检查包装上的日期！此外，如果你把防晒产品放在车里或者没有放在阴凉环境中，而且已经放置一年了，那就直接扔了吧，它已经失效了。为你的皮肤做些投资，买一瓶新的防晒产品吧。许多口碑很好的防晒产品其实价格都非常亲民。

- 慎重选择那些含有二氧化钛或氧化锌但不含过滤紫外线的化学防晒剂，或者打着"天然""矿物"旗号的防晒产品。毫不夸张地说你和你的孩子的皮肤都可能会因此被灼伤！我一般只会把这种防晒产品留给那些对化学防晒过敏的患者使用，但是这类过敏患者其实也是少之又少的。一般来讲，如果有人用了一款防晒产品后长了"痘痘"，不会是因为其中的活性化学成分导致的。理想状态下，你最好还是选择一款含有抗紫外线成分的防晒产品。

防晒至关重要。即使你除了防晒霜而不做其他任何皮肤护理，这一日常步骤也能帮助你避免出现许多皮肤问题，尤其是早衰。

去角质法则

除了要经常使用防晒产品外，预防皮肤早衰的另一个关键就是要学会合理去角质。果酸（AHA）和水杨酸（BHA）是去除角质的最佳选择。许多非处方产品中都含有这些成分，皮肤科医生在门诊中进行化学焕肤时，它们的浓度还会更高。这些成分配方可以使皮肤外表面更加光滑，加速细胞周转。如果定期使用，那么随着时间的推移，它们可以帮助你淡化褐斑、疏通毛孔、抚平细纹。然而，与此同时，它们也会使得皮肤更加敏感。如果使用过于频繁，这些成分会破坏皮肤屏障，进而引发炎症，导致出现各类皮肤问题。

果酸是一种水溶性化合物，通常从植物、水果和乳糖中提取。一般来说，这种化合物对于改善皮肤干燥、暗沉、老化、肤色不均或者晒伤很有帮助。而水杨酸则是油溶性化合物，因此它擅长清除毛孔堵塞。水杨酸等β-羟基酸主要由人工合成，其化学性质类似于阿司匹林（乙酰水杨酸，ASA），所以也可以缓解皮肤红肿和炎症。如果你是油性皮肤，有黑头、斑点和痤疮，那么水杨酸就是你的理想选择。

你可以选择一些不含化学物质的产品去除角质，如使用磨砂膏去除皮肤上的死细胞。化学去角质法会将死亡的表面细胞和碎片溶解并去除，而手工去角质法则是通过摩擦把死亡细胞擦掉。这两种方法都有一定的刺激性，具体的刺激程度取决于化学配方的浓度或者手工去角质膏的颗粒大小。当然，去角质的频次也是影响因素之一。去角质做得越频繁，皮肤受到刺激并发炎的风险就越高。在去角质的前一天，注意不要使用包含视黄醇的产品，这样做是为了帮助皮肤提前为去角质做好准备，使皮肤不会特别敏感，更不容易受到刺激。同时使用视黄醇和去角质产品是对皮肤的双重打击，大多数人的皮肤都无法承受。

去角质也需要我们自己摸索才能找到适合自己的方法。大多数人每周做一两次去角质即可。每个人对于去角质方法和去角质产品配方的耐受度都不相同，所以关键在于要找到最佳的去角质方法，避免引发炎症。在去角质的过程中，一方面，你是在清除死细胞，刺激新细胞的生长，让皮肤可以焕发健康光泽；另一方面，这也是一个寻找平衡的过程，既要将皮肤打磨完美，又要避免皮肤受到刺激。你也可以去咨询皮肤科医生，医生能根据你的具体皮肤需求帮你进行化学脱皮。你只需要注意不要在走红地毯或者公开演讲的当天做化学脱皮或者面部护理即可（开玩笑）。若想做化学脱皮，你可以从浓度最低的产品开始用起，然后逐渐增加浓度。记住，在皮肤受到刺激后，一定要给它修复的时间。如果你之前从来没有去过角质，那么你可以先试试一些温和产品（避开标签上标有“强力”字样的产品）。一些强力配方中同时包含物理和化学去角质成分，有时也会含有非研磨性柔珠或晶体以及果酸或水杨酸。这些产品中可能还会含有水果酶，它的作用与化学去角质成分相似。第一次使用去角质产品时应该选择只含有一种去角质成分（物理或化学方法之一），并专为敏感皮肤设计的那些产品。

警告：有时有益成分过多也并非好事

果酸、水杨酸以及视黄醇类物质都对我们的皮肤有神奇的作用。但是，不能每天毫无节制地使用这些成分，更不能同时使用。如果使用太频繁，或者浓度太高，皮肤很有可能承受不了，从而造成皮肤损伤。就像生活中其他事情一样，恰到好处才是最重要的。否则，你的皮肤必然会出现生物反应（过敏）。

糖霜磨砂配方

你可以每周做两次去角质，但是需要注意的是你去角质的方式。相比于肘部、膝盖和脚底这些较为粗糙的地方，在脸部和脖颈处这些地方做去角质时要更加温和一些。DIY 糖霜磨砂膏可能过于粗糙，对多数人来说不适合在脸部使用，我经常把它用于皮肤较厚的部位。我最喜欢的配方是由两种原料——红糖和杏仁油制成的。只需要将半杯红糖和半杯杏仁油混合，然后将其抹在你的手部较为粗糙的位置上（记住，千万不要用丝瓜络、搓澡巾或者其他去角质的工具）。只需用手以转圈的方式轻轻在该部位揉搓一两分钟后冲洗干净，并用毛巾拍干，然后做好保湿。虽然糖最好不要出现在你的饮食里，但是糖作为肘部、膝盖和脚底的去角质成分还是非常好的！

涂抹式益生菌的使用法则

你可能不相信，其实外用益生菌疗法早在 100 多年前就已经出现了。1912 年，有人曾建议通过保加利亚乳杆菌来展开对外用细菌疗法的研究。但是，在那之后，我们花费了数十年的时间才逐渐了解外用益生菌的强大作用，它不仅可以用于治疗痤疮，还可以治疗其他许多皮肤病。2013 年，美国皮肤病学会甚至将益生菌命名为“美容突破”。

如今，许多外用产品中都含有益生菌成分（当你读到这里时，这些涂抹式益生菌甚至可能已经有了新的名字，以便和饮食中的益生菌区分开）。有关益生菌对皮肤健康和微生物组影响的研究仍在进行中（也有研究哪种菌株对皮肤是最有益的），这个研究难度很大，因为它们对痤疮、玫瑰痤疮和其他一些疾病的干预方式是极其复杂的。不过到目前为止，我们已经积累了一定的数据，可以将益生菌添加到外用产品中。为了加深你的印象，下面我列举一些外用益生菌的作用：

- 充当保护盾，增强皮肤屏障。
- 恢复皮肤酸性 pH，抑制有害细菌的产生。
- 保持皮肤微生物组的平衡。
- 缓解炎症和氧化应激。
- 减少光老化（紫外线辐射引起的光损伤）。
- 帮助皮肤保持水分，促进胶原蛋白、脂肪和神经酰胺的产生。

外用配方中的益生菌来源非常广泛，可能是来自我们体内或身体表面的皮肤和肠道，也可能来源于环境中的水和土壤。我们现在也正在逐渐了解哪种来源的益生菌对皮肤健康最有益。以下是我们在现在的护肤产品中能看到的 3 种类型的外用益生菌。

- 益生菌：活细菌。
- 益生元：细菌的食物。
- 后生元：提纯后的小链脂肪酸、小分子和细菌代谢物，包括加热灭活的细菌、细菌碎片和溶解后的细菌。

另外，不同产品的介绍也是不同的。有些说该产品可以保护人体的微生物组，预防皮肤问题的出现；还有一些则是说该产品会给人体的微生物组带来改变，这类产品一般是针对受损皮肤所设计的，可用于治疗皮肤病，并且逆转皮肤老化。

所以，应该如何寻找含有适合自己的益生菌菌株的护肤产品呢？我为大家整理了一份清单，帮助大家找到满足自己需求的最佳选择。

有助于治疗痤疮和玫瑰痤疮的菌株：

- 乳杆菌
- 粪肠球菌 SL-5
- 唾液链球菌
- 乳球菌属 HY 449
- 副干酪乳杆菌

有助于修复敏感肌和干皮的菌株：

- 乳酸链球菌
- 长双歧杆菌

帮助减缓过早衰老的菌株：

- 凝结芽孢杆菌
- 乳酸杆菌（如植物乳杆菌）
- 嗜热链球菌

一些公司也在制订相关的专利配方，这是非常正确的。外用益生菌可以与口服益生菌结合使用。前文也提到过，一些产品可能含有活培养物，而另外一些产品则含有上清液或提取物。一些配方甚至可以添加益生元成分，为皮肤上现存的有益细菌提供食物，从而促进健康菌株的生长。到目前为止，还并未有结果证明哪种配方效果更好。不同配方的功效与每个公司测试其配方时的严谨程度有关。

蜂蜜、牛油果酸奶面膜

酸奶面膜不仅能为皮肤提供天然益生菌，还可以去除角质。酸奶中所含有的乳酸就是一种天然的去角质成分。此外，酸奶还可以舒缓皮肤，里面还有活性培养物，是做短期面膜的极佳选择。下面是我非常喜欢的配方之一，你可以在晚上洁面后使用夜间产品之前尝试一下。此外，后文也给出了更多的面膜配方。你在了解第 10 章的护肤计划后可以尝试一下这些配方。

将半个去皮去核的牛油果和两茶匙蜂蜜捣碎混合至糊状，加入一小盒约 170 毫升的原味希腊酸奶，搅拌至完全混合。在脸上涂上薄薄的一层，保持 10 ~ 20 分钟，然后用温水洗净。

A 醇的使用法则

与基础防晒霜一样，A 醇（类视黄醇）也是皮肤医学中最强大、最有效、测试最严密的物质之一。它一直都存在于各种产品中，并且也一直在创造奇迹。从鱼子酱到蜗牛黏液，再到干细胞，里面都有 A 醇，因为它的确十分有效。我一般建议我的患者在 30 岁的时候开始使用它。不过，如果你已经过了这个年龄但还没有尝试过这类产品也不用惊慌。从现在开始使用，你仍然可以从中获益。想要正确地使用这一物质也需要有耐心，并且要不断摸索尝试。许多人第一次尝试使用 A 醇时都会出现副作用，因此会认为自己对 A 醇过敏或者不耐受。但事实并非如此。

首先我们要弄清楚 A 醇是什么。A 醇指的是从维生素 A 中提取出来的一种成分。它的好处之一是可刺激皮肤细胞的更新，使死亡细胞脱落，并且在皮肤表面生成新的细胞。换句话说，A 醇是一种去角质产品，但强度比果酸和水杨酸更大。相比于果酸和水杨酸，A 醇能够更有效地帮助我们祛除暗斑，消除皮肤纹理，使皮肤更加光滑细腻。

此外，A 醇有助于刺激胶原蛋白的产生，从而对抗细纹和皱纹，甚至可以帮助我们抚平瘢痕和妊娠纹。而且，A 醇对治疗痤疮也很有效，在治疗许多皮肤病上都非常有用，所以我也喜欢把它推荐给患有各种皮肤病的患者，他们可以从这一成分中获得许多好处。

A 醇有处方产品和非处方产品两种。大多数非处方产品用的是视黄醇，处方产品则会用一些其他的通用名或者品牌名来表达这一成分。虽然你可以找到视黄醇浓度高达 2.5% 的非处方产品，但是这一浓度对于大多数新手而言太高了。你应该从浓度较低的 A 醇开始用起，如浓度为 0.5%，并且给自己的皮肤留几周时间来适应它。之后你便可以逐渐过渡到更强浓度的产品。建议选择管状包装或者罐装的产品，因为这类包装可以隔绝空气和光线，不会使配方效力减弱。如果你想要尝试一些处方类的 A 醇药用护肤品，也最好先从非处方产品开始使用，逐渐让你的皮肤对这类化学物质具备耐受性，这样你才不会遭受到高浓度的 A 醇所带来的副作用。

人们刚开始使用 A 醇经常会犯的最大错误就是每晚都用，这对于当今市场上绝大多数的配方产品来说使用得过于频繁了。一两周之内，你的皮肤可能就会因此出现严重的 A 醇皮炎——红色的鳞状斑块，通常从鼻角开始，一直延伸到下巴，伴有刺痛和灼烧感。往往这种情况的出现是因为过度使用 A 醇导致皮肤屏障受到损害，从而引发了炎症反应。所以，使用 A 醇时一定要注意把握好这种微妙的平衡。你需要一点点进步，不能操之过急。

接下来是关键部分：从非处方类的A醇产品开始，每隔三四天用一次。如果你的皮肤比较敏感，那么你可能每周只能用一次。尽管一些A醇不会在日光下分解，但是大多数情况下还是推荐你在夜间使用。根据第10章的内容，你应该在洗脸后、涂抹精华液和润肤霜前使用它（除非你的精华液中含有A醇类物质，这种情况下你就不需要单独使用视黄醇了）。持续两三个星期后，检查你的皮肤是否正常。如果皮肤没有泛红，并且也感受不到刺激（没有刺痛感或者灼烧感），那么你就可以提高使用频率来增强效果。这样做的目的是在不产生副作用的情况下，增加其在皮肤上停留的时间。避免产生副作用很关键，因为副作用最终会对皮肤造成明显的长期损害，也会对皮肤中的微生物组造成伤害。如今，市场上也出现了很多外用产品可以帮助我们消除A醇的副作用，所以现在大部分人都可以使用A醇并具备耐受性了。我自己的皮肤其实非常敏感，但是现在通过锻炼，我已经可以每周使用一次处方剂量的制剂（一般周日晚上是我的A醇护理时间），或者每周使用3次较为温和的非处方制剂。此外，无论你是使用非处方还是处方产品，日常精华液和保湿霜都必不可少，它们有助于预防A醇带来的严重副作用。

A 醇是一种不同年龄段都适用的产品。A 醇的好处有很多，可以解决不同年龄段的皮肤问题。它可以帮助你在 20 多岁时清除痤疮，在 30 多岁时控制斑点和色素沉着，在 40 多岁时增强胶原蛋白，减少细纹和皱纹，并有助于预防 50 岁以后出现的皮肤癌前变化。

有关通用类痤疮产品的特别说明

随着时间的推移，越来越多的外用处方药物被非专利药物所取代。这一点在外用痤疮治疗方面尤其明显。皮肤科医生最常用的外用痤疮治疗法之一就是使用含有过氧化苯甲酰和抗生素（如克林霉素或红霉素）这两种关键成分的产品。当它们由制造商配制在单一产品中时，通常具有良好的耐受性。皮肤科医生会告诉你，如果你单独使用外用抗生素，而不是与过氧化苯甲酰配合使用，你可能会对这种抗生素产生耐药性。换句话说，抗生素将失去效用，并导致不健康的多重耐药菌株在你的皮肤上增殖。然而，如果产品中也含有过氧化苯甲酰，那么抗生素出现耐药性的可能性就会大大降低。

但问题是这种通用的过氧化苯甲酰会刺激皮肤，而一旦患者出现不良反应（如皮肤泛红、刺痛、剥落等），就会选择停止使用过氧化苯甲酰药剂，仅使用抗生素。所以，这一设置非常不合理，存在许多产生耐药性的风险。为了避免这种情况，要选择一种既含有过氧化苯甲酰又含有抗生素的产品。如果你的医保不能报销这类的组合产品，那么就让医生给你开一副不含抗生素的痤疮治疗处方。现在许多不含抗生素的治疗方案也都非常有效。

皮肤变色的治疗法则

任何人都有皮肤变色的时候。无论是由于怀孕激素的副作用、阳光照射的沉淀，还是由于遗传的皮肤病，变色困扰着数百万人。我治疗过的最常见的变色类型就是色素沉着过度或黑斑。色素沉着过度主要分为 3 种基本类型：黄褐斑、雀斑痣和炎症后色素沉着（PIH）。黄褐斑的特征是脸颊、前额、鼻子或下巴上有深棕色或灰棕色的皮肤斑块。黄褐斑出现的两个主要原因是阳光照射和激素变化（如怀孕期间发生的）。雀斑痣则是一种比周围皮肤颜色更深的扁平色斑，与雀斑不同，它在冬季不会消失。这种类型的色素沉着可能是由遗传和（或）阳光照射引起的。它们通常也被称为肝斑，但其实与肝脏无关！炎症后色素沉着是皮肤出现炎症并在炎症消退后留下斑点引起的。举个例子，如果你在痤疮印记消失后几周或几个月时间里发现自己仍有棕色印记，这时候你就是在跟炎症后色素沉着做斗争。这些遗留的瘢痕往往比痤疮本身更令人痛苦！

现在市场上有很多亮肤产品，其中大多数都含有水果酶，可以去角质和淡化色素沉着。其最有效的成分是对苯二酚。一定要在皮肤科医生的指导下使用对苯二酚，如果你使用的产品中所含的对苯二酚超过了一定比例或者使用过长时间，不但不会祛除色素，反而会导致色素沉着问题更加严重。所以，你若是想使用美容产品，但把握不好对苯二酚的使用量，可以寻找那种不含对苯二酚的配方产品。这些配方产品多含有甘草、大豆、海洋提取物、曲酸或烟酰胺等美白成分，也有很好的亮肤功效。你可以在每晚洗脸后和使用其他护肤品之前使用这种产品。当你使用这些面霜类产品时一定要遵循严格的防晒程序，因为即使是少量的日晒也会抵消你在提亮配方上取得的所有效果，导致祛除斑点的任务看上去毫无进展。如果你在 8 ~ 12 周后仍然没有发现产品有效，那么就需要去咨询皮肤科医生了。

赶潮流的法则

在我撰写本书的时候，一种叫作微针的手术开始登上了各大新闻头条。微针也被称为胶原蛋白诱导疗法，在与你的精华液结合后便有“吸血鬼面部护理”之称，在你做微针治疗时，皮肤科医生会使用细小的针头划破你的皮肤，并且划出一个微观的“井”字区域。你的身体会自然地修复你的皮肤。在这一过程中，真皮层会生成新的胶原蛋白和弹性蛋白。胶原蛋白越多意味着皮肤越紧致。微针是改善皮肤、减少痤疮瘢痕、平滑毛孔，并对抗光老化、皮肤暗沉、粗糙、妊娠纹、身体瘢痕的一个理想选择。同样，它也可以消除细纹和皱纹。实际上，最新的一项研究表明，医用微针可使表皮厚度增加 140% 以上，同时还可以增加真皮层中的胶原束。此外，微针可以让精华液、凝胶和面霜更深入地渗入你的皮肤，使产品更有效。在使用微针后，多达 80% 的产品可以直接渗入皮肤，而在完整的皮肤上使用时只有 7% 的产品可以渗入皮肤！

这听上去就像是在给这个手术做广告。但是，其实我选择这个手术作为例子是有原因的，最近市场上也开始出现一些价格实惠的家用微针设备。但是，我并不建议大家在目前这个阶段购买并使用这些所谓的“真皮滚轮”，因为它们没有我们在医院或者诊所使用的设备那么精准，稍微使用不当则有可能造成皮肤撕裂。此外，在家使用这种“真皮滚轮”还会对你的皮肤造成很大伤害，造成有害细菌传播，引发更严重的皮肤问题。所以，我的建议是要谨慎行事。一些家庭的皮肤护理设备是无法取代诊所和医院中那些专业的先进设备的，专业设备更加可靠，而且操作规程也有更高的安全标准。每当新产品问世，并且把产品的功效吹得天花乱坠时，一定要做好功课，并且提出质疑，不要盲目跟风地做第一个“小白鼠”。毕竟，除了这些可能有危险的热门产品外，皮肤护理方法还有很多呢。

不同年龄段的护肤准则

每进入人生的一个新的 10 年阶段都是令人十分兴奋的。我们会感觉自己进入一个新的里程碑，并且会期待接下来几年中出现新的冒险和意想不到的收获。新的 10 年也会给我们带来一系列挑战，尤其是对逐渐衰老的身体而言。变老本身并非一件坏事，因为这一过程可以是愉快且丰富的。你会收获更多的智慧，拥有更多的自信和能力，能更轻松地安排自己的生活。我们中的许多人虽然看上去没有 20 多岁时那么年轻了，但是随着年龄的积淀而变得更美了。然而，你的皮肤需求是会随着年龄增长而改变的，所以为了更好地满足皮肤不断变化的需求，你也需要相应地调整你的美容方法。我会给你一些建议，帮助你更好地规划未来的护肤策略。相信我，你也可以优雅地成长。

20 岁 +：防晒最关键。无论刮风还是下雨，每天都要涂防晒。即使你这 10 年中什么其他护肤程序都不做，也一定要每天涂防晒霜。此外，要习惯使用含有维生素 C 和维生素 E 等抗氧化剂的产品。防晒霜和抗氧化剂都能保护你免受自由基的侵害。这个年龄段已经是需要保护和预防皮肤问题的时候了。可以考虑在日常护理中添加乙醇酸和（或）水杨酸等物质，可以使用含有这两种物质的家用棉片，也可以去诊所做轻度的化学脱皮（做 5 分钟即可）。记住，这些成分是为了去除皮肤中的角质，保持皮肤光滑和毛孔通畅。但注意不要过度去角质。如果你患有痤疮，那么你也可以尝试使用一些 A 醇类产品。

30 岁 +：这一年龄段要在护肤过程中加入 A 醇类产品。30 多岁时你会发觉自己开始出现细纹，同时也有可能需要解决成年痤疮问题。这也是一个进行激光治疗的好时机，可以做一些类似微针的小手术，这样可以保持皮肤的健康、紧致和光滑。医生也可能会使用激光和非侵入性皮肤紧致设备，利用超声波和射频波来护理你的皮肤。这些设备会促进胶原蛋白的产生，使你有更多的胶原蛋白储备。这就像长途旅行前要给汽车油箱加满汽油一样！如果你想准备得更充分一些，你也可以在这一阶段开始使用肉毒杆菌毒素，防止随时间推移而造成的面部皱纹加深。

40 岁 +：尝试增加 A 醇的使用量，在保证皮肤没有过敏的情况下，可以每晚使用，或者咨询皮肤科医生要 A 醇的强化配方（如果你已经做了上述这些提升，那么就不必再重复）。你需要在你的护肤流程中添加更多的外用抗氧化产品，以替换你之前早、晚使用的精华液。使用含有多肽、生长因子和其他胶原蛋白促进成分的产品，以保持体内的平衡而有利于胶原蛋白的生成，不会损害胶原蛋白。由外而内地给这些细胞提供胶原蛋白促进成分。许多女性尽管自己在家做了许多皮肤护理的尝试，但还是会在这一时期开始做面部填充。由于重力的作用，这些脂肪填充会逐渐下坠，形成可怕的“双下巴”，使下颌轮廓变得模糊。由于填充脱离，眼睛看上去也会疲惫无神。但不必担心，只要你在家里做好正确的皮肤护理，并且每年咨询皮肤科医生并进行一些护理操作，你完全可以保持皮肤紧致和光滑细腻。

50 岁 +：到了这一年龄段，除了使用一些促进胶原蛋白产生的产品外，还需开始使用一些质地更厚、成分更丰富的保湿霜，以提高皮肤的保湿水平（可以选择含有神经酰胺、透明质酸、椰子油和二甲基硅氧烷的产品）。随着年龄的增长，皮肤逐渐失去吸收水分的能力，所以也会比过去更容易脱水。这时候可以考虑分层使用护肤产品，先用精华液，再在上面涂一层厚厚的晚霜，也可以在晚霜里加几滴精油。在这一阶段，你应该开始养成定期使用保湿面膜和家用护理设备的习惯，以使护肤成分更好地渗入皮肤。有一些补水面膜具有皮肤科医生所说的封包作用。这些一次性的棉质面膜预先吸入了非常保湿的精华液。这种面膜会形成一种封闭屏障，将活性精华液封闭起来，帮助皮肤更好地吸收这些精华物质。另外，目前的许多家用护理设备可以促进产品的渗透和吸收。例如，你可以使用一种皮肤贴片，其中含有无痛、快速溶解的微针和抗老化成分，这些有效成分可以更好地渗透到皮肤深层，发挥最大效果。纳米技术和微球技术也是研发人员目前正在使用以加强渗透效应的新技术。家用设备主要利用的是各种形式的热能，将活性成分输送到皮肤中。另外，一些微按摩疗法的设备也有此功效。当你过了50岁时，你会发现很难看到护肤的效果，这里最大的障碍其实就是因为这些产品只能停留在皮肤表面，无法渗透到皮肤里面。当你把正确的技术和正确的成分搭配使用时奇迹就会发生。家庭护理是一个正在不断发展、前景广大的领域。当然，与此同时，你也可以考虑一些专业护理的方法。

令皮肤变差的两大“凶手”

在进入下一章有关补充剂的内容之前，我想再给你最后两个建议，告知你绝大多数人没有想到的破坏皮肤的“凶手”，它们会让你的护肤努力付诸东流，无法达到最佳状态。它们就是手机和药物。

打电话时应该打开免提或使用耳机，手机表面不仅会滋生细菌（并不是我所说的那些好细菌），还会与脸部摩擦，导致出现痤疮。哪怕你只是在“刷”手机也是在破坏皮肤的韧性，因为这个动作会导致颈纹的产生。当你低头看屏幕时，脖子上会出现水平皱纹。所以，在使用移动设备时尽量不要低头看，或者随身携带一副耳机，这样你就不会将设备上的脏东西蹭到脸上了。

注意药物使用。全球有上亿人会通过吃药来治病。但是许多药物，无论是口服药还是外用药，可能会产生皮肤方面的副作用，这些是医生（或者药剂师）不会告诉你的。例如，一些皮质类固醇、治疗头痛和癫痫的药物，甚至有些避孕药（迷你药片和诺普兰这类的植入性避孕药）都可能引发痤疮。组合避孕药（含雌激素和孕酮），甚至某些抗生素和降压药，则会使你的皮肤对阳光更加敏感，更容易出现晒伤，并且出现黑斑的可能性也会增加。还有一些药物会导致水疱、皮肤脱落、头发脱落、指甲出现问题等。一些药物还会让你患荨麻疹，出现脓疱，甚至会让眼白部分出现黑斑。有些表面看上去无害的非处方药物，如典型的抗生素软膏（新孢素、杆菌肽）和晒伤喷剂（苯佐卡因）等，也会导致所谓的过敏性接触性皮炎，使皮肤红肿并出现刺痒的皮疹。

如果把所有可能导致皮肤问题的药物都列出来，甚至可以写一本百科全书了（而且你很快就会看烦了）。我之所以提到这个问题是要提醒你，服用药物时要多注意。注意看药品说明书，了解其潜在的副作用。如果说明书中提到了与皮肤相关的副作用（如“可能加剧痤疮”），那么你则需要咨询医生，询问能否有其他替代方案在不影响皮肤的情况下治病。

第9章

用补充剂和益生菌给皮肤充电

日常饮食之外的补充建议

大多数情况下，我们可以通过饮食获得所有需要的营养物质，包括维生素、矿物质和益生菌等，我们应该合理选择膳食。纯天然食物中的营养物质是最容易被人体吸收的。但是仅通过每日饮食来达到最佳营养水平，在当今的生活节奏中是难以实现的（至少对我和我的患者来说不现实）。我们现在都很忙，即使尽了最大努力，膳食搭配上偶尔还是会有缺陷。我不希望你依赖补充剂来满足身体的营养需求（如果你遵循我的饮食方案，你就不必依赖补充剂）。但是，正如前文所说，如果你难以达到这个目标，那么从你的皮肤健康角度出发，你只好选择一些合适的补充剂来满足身体所需。

下面讲的补充剂并不会花费你大量的金钱，而且你能很容易在当地药店买到，不需要处方（但是，如果你正在服用其他药物或补充剂，一定要先咨询医生，得到许可后，再添加新的补充剂）。我想要强调几种维生素和补充剂，它们能够帮助我们实现最重要的两个目标：第一，通过滋养肠道微生物组来支持肠道－大脑－皮肤轴；第二，给身体所需的营养，保持健康的皮肤、头发和指甲。许多复合维生素中含有这些成分，但是含量并没有达到我推荐的水平。我也不希望你过量服用这些药物（药物过量不是好事），请按照我的剂量说明来选择。

当然，你也可以选择服用复合维生素，尤其是用它来获取微量矿物质（下面我也会详细介绍）。我所给出的剂量都是保守估计的，所以在此基础上添加一些复合维生素并不会对你的身体造成影响。我喜欢把这些补充剂看作每日护肤流程中的一个可选的补充环节，每日益生菌除外，那是我认为每个人都应该服用的。请记住，获取维生素的最佳方法仍然是通过饮食，如果你能遵循我给的饮食方案，你也完全可以做到获取足够的营养！以下是我有关补充剂的一些建议。

- **维生素 E**（每天 400 IU）：维生素 E 是一种脂溶性维生素，也是一种抗氧化剂，可以在脂肪被氧化时防止自由基的产生。目前正在研究维生素 E 是否可以通过限制自由基的产生或者通过其他机制来帮助人体预防或延缓与自由基有关的慢性疾病，包括皮肤病。除了具有抗氧化功能外，维生素 E 还可以参与免疫功能、细胞信号传导、基因表达调控以及可能的其他代谢过程。维生素 E 实际上指的是一组具有独特抗氧化特性的脂溶性化合物。维生素 E 很难通过饮食摄入，因为很多食物中不含这类物质（只有葵花子和一些坚果含有这种维生素）。此外，紫外线损伤也会迅速消耗维生素 E。

- **维生素 C**（每天 1 000 毫克）：众所周知，维生素 C 多存在于柑橘类水果中，它们不仅可以提高免疫力，而且对人体有许多好处。维生素 C 也是一种非常有效的抗氧化剂，对皮肤有好处，因此人们也经常将其添加在外用产品中。它不仅能促进成纤维细胞[①]的增殖，还能作为酶活性的助手（辅因子），直接关系到皮肤的健康和功能。它

---

① 成纤维细胞是指那些能够生产胶原蛋白和其他纤维物质的细胞。——译者注

甚至可以控制皮肤中一些 DNA 的修复，阻止癌细胞扩散。此外，维生素 C 还会影响控制皮肤色素沉着的细胞（黑色素细胞），因此，它也是一些解决皮肤变色问题的产品中常见的有效成分。这种维生素很容易通过尿液流失，所以最好每天食用富含维生素 C 的食物，如新鲜水果和蔬菜，同时服用补充剂。富含维生素 C 的食物包括红辣椒、羽衣甘蓝、花椰菜、抱子甘蓝、番茄，当然还有橙子（不要榨汁）。

- **维生素 D**（每天 1 000 IU）：维生素 D 其实并不是维生素，而是一种激素，当皮肤暴露在阳光下时会生成这种物质。维生素 D 会参与多种促进健康的生物活动，包括强健骨骼和提高钙含量。实际上，人体各处都有维生素 D 的受体，这也充分说明了它的重要性。许多动物实验和实验室研究都表明，维生素 D 可以保护神经元免受自由基的破坏，并减少炎症，这些都对皮肤健康有好处。2017 年，克利夫兰大学医院医学中心的一个研究小组证明，口服维生素 D 可以迅速减少由晒伤引起的炎症。维生素 D 还与 P53 蛋白的控制有关。P53 蛋白是一种肿瘤抑制蛋白，更具体地说，它是一种基因，含有遗传密码（指令），可制造一种调节细胞周期的蛋白质，所以在减少癌细胞方面非常重要。目前，我们已经有证据表明维生素 D 的缺乏和黑色素瘤（最致命的一类皮肤癌）相关。另外，还有一个事实非常关键，维生素 D 是通过调节肠道细菌来完成诸多任务的。

维生素 D 最好是通过摄入补充剂（以及食物和强化饮料）来获取，而不是晒太阳这种会导致皮肤受损的方法。三文鱼、蘑菇、奶酪、鸡蛋等食物以及杏仁奶这类的强化产品中都含有维生素 D。维生素 D 的每日摄入上限是 4 000 IU，所以你可以选择 1 000 IU 维生素 D 通过补充剂获取，其余的则通过吃几个鸡蛋或者一块三文鱼来获取，这样你的摄入量是绝对在一个安全范围内的。

至于你是否需要做检查来确定自己有没有缺乏维生素 D，目前来说，还没有定论。根据美国预防服务工作组（PSTF）的指南来看，对于那些没有肌肉无力和骨痛等真正缺陷症状的人，目前还没有足够的证据来评估筛查的风险与益处。如果你患有骨质疏松症，或者你无法正确地吸收脂肪（例如，你有乳糜泻或做过减重手术），或者你服用了干扰维生素 D 活性的药物，如某些癫痫药物和类固醇，在这些情况下，你应该接受检查。总之，虽然目前已经大规模普及维生素 D 检测，但是我们没有足够的数据表明对没有症状或风险因素的人进行筛查有任何好处。

- **荷丽可（Heliocare）**（每日最多可服用 3 粒 240 毫克的胶囊）：这种补充剂也被称为“防晒霜药丸”，里面还有一种据说可以保护人体免受紫外线伤害的配方。但是，它并不能用作外涂防晒霜的替代品，它主要还是膳食补充剂。荷丽可是在一家制药级工厂生产的，含有经专利授权的白绒水龙骨（PLE）的提取液，这里所说的白绒水龙骨是一种原产于中南美洲的热带蕨类植物，几个世纪以来一直被用于治疗皮肤病。我在本书中基本上都避免提及品牌，但是这里我提到了这一品牌，原因是其他含有这种提取物的补充剂并没有经过良好的审查[①]，所以最好避开那些产品。研究表明，蕨类植物的提取物可以延缓皮肤因阳光照射所引起的晒伤问题。我们还并不清楚它具体是如何起作用的，但是从我们目前的理解来看，是其中的白绒水龙骨作为一

① 截至原书成稿之前。——编者注

种有效的抗氧化剂保护皮肤免受阳光照射导致的氧化损伤。

我认为，这种由内而外保护皮肤的方式最吸引人的地方在于它可以保护皮肤免受其他自由基的伤害，如红外线、蓝光，甚至污染。虽然外用防晒霜的研发目标就是用来过滤紫外线的，但是它无法保护皮肤免受其他元素的伤害。因此，荷丽可给你提供了一层额外的保护，防止你出现早衰或者患皮肤癌。我建议你每天早上服用一片。如果你要去太阳底下活动，你可以在涂防晒霜前的 30 分钟再服用一次。如果你需要一直待在太阳下，那么你可以每2～3小时服用一次这种补充剂，不过每天不要超过 3 粒。

- **钙**（每天 500 毫克）：作为人体中的常见元素，钙不仅对骨骼和牙齿的健康至关重要，还对包括皮肤在内的所有身体器官的健康都至关重要。钙在调节皮肤的许多功能方面发挥着重要作用。皮肤中的大部分钙都在最外层，如果那层钙不够，你的表皮就会变得薄且脆弱，并且十分干燥。皮肤若是缺乏钙，会影响新皮肤的生长和死皮细胞的脱落。换句话说，没有钙，皮肤系统的周转便会放缓。此外，钙离子还会负责神经元之间的信号发送，与肠道 - 大脑 - 皮肤轴建立联系。你可以找一种含有维生素 D 的钙补充剂（这样你就不需要再单独买维生素 D 补充剂了）。

- **微量元素**：对皮肤健康最重要的矿物质是锌、铜和螯合硒。如果你按照我的饮食方案来安排饮食，那么你完全不会缺乏这些矿物质。注意，你可以在我已经推荐的补充剂中寻找它们，它们经常被添加到这些补充剂中。或者，你也可以按照我下面建议的剂量单独购买，也可以简单地在你的护肤计划中添加含有这些微量矿物质的复合维生素，这样你就不需要单独服用了。不过，这里我还想讲一讲它们是如何影响皮肤健康的。

* **锌**（每天 10 ～ 30 毫克）这种矿物质是一种抗氧化剂，可以减少有害自由基的形成，保护皮肤脂肪和成纤维细胞。它还能帮助皮肤愈合和恢复活力。锌与细胞更新和免疫功能有关，所以它也被认为有助于减少痤疮发作。锌的摄入量在一定程度上取决于你的饮食（锌自然存在于食草动物的肉质、谷物、牡蛎、芝麻和南瓜子以及豆类中）。对大多数人来说，每天补充 10 ～ 15 毫克就足够了，尤其是如果你患有痤疮，则更不要过量摄入锌，因为过量会有缺铜的危险（大剂量的锌会阻止消化道吸收铜）。这两种矿物质是共同起作用的。不要空腹服用锌，因为它会引起胃部不适和恶心，尽量在餐中或餐后服用。
* **铜**（每天 1.5 ～ 3 毫克）这种矿物质在许多外用皮肤护理产品中都会添加，目的是隐藏皱纹和保持皮肤年轻。这些产品中的铜多肽能够促进胶原蛋白和弹性蛋白的产生，为其他重要的皮肤结构提供支持，并且有抗炎作用。口服铜对皮肤也有好处，因为它会参与许多酶活动，从而促进皮肤、头发甚至眼睛的健康。铜有助于黑色素的产生，这对眼睛、头发和皮肤色素沉着有影响。铜还有助于恢复皮肤弹性，修复皮肤损伤。富含铜的食物包括深色绿叶蔬菜、豆类（尤其是黄豆）、坚果、蘑菇、贝类（尤其是牡蛎）、牛油果和全谷物等。
* **螯合硒**（每天 45 微克）这种微量矿物质也是一种抗氧化剂，可以保护如维生素 E 在内的其他抗氧化剂在人体内吸收。研究表明，缺乏硒可能会导致皮肤炎症，如痤疮、湿疹和银屑病。硒在一种叫作谷胱甘肽的过氧化物酶中起作用，这种酶对预防炎症非常重要，可以抑制痤疮产生。富含硒的食物包括巴西坚果、大

比目鱼、沙丁鱼、草饲牛的肉、火鸡和鸡肉。

在我们探索益生菌的奥秘之前，我想先来谈谈口服抗生素。许多患者来找我时会拿着之前其他医生开的一些口服抗生素和外用抗生素的处方，然后让我帮他们按着这个处方再开一些药（他们通常会给我看一管几乎空了的外用抗生素药膏和一个以前装口服抗生素的空处方瓶）。但是，皮肤科医生不应该同时开外用抗生素和口服抗生素的处方，原因你现在可能已经猜到了：这种情况会助长耐抗生素的细菌菌株的生长，并导致全球抗生素危机。举个例子，治疗痤疮的口服抗生素最多只能服用 3 个月。它们不应该与外用抗生素乳膏同时使用。此外，3 个月后，你应该进行一项维持疗法，包括外用 A 醇，并且不再使用抗生素。如果你同时使用了口服和外用抗生素，那么你可以和医生谈谈另一种策略。这一点非常重要！你的皮肤和你的微生物组都会感谢你的。

不幸的是，全球有成千上万的人都在常年服用口服抗生素，即使他们没有同时使用外用抗生素，这仍然是一个严峻的问题。有些国家在商店柜台就能买到口服抗生素，这也让这一问题变得更加复杂。对于玫瑰痤疮患者来说，许多医生都会开低剂量的抗生素，并且误认为这是安全的做法，认为这只是“抗炎”剂量，没有达到“抗菌”剂量。然而，现有科学研究表明，即使是这些低剂量的抗生素也会破坏人体的微生物组，影响整体健康。医生也会为银屑病和湿疹患者开抗生素药物，但是只在患者出现症状后才会开药，且疗程也会更短——大概 10 天或者 2 周的疗程。不过，即使是在这些情况下，预期出现症状后用抗生素治疗，更好的做法仍然是帮助患者保持健康的皮肤屏障，避免他们出现皮肤问题。因此，一些可以促进皮肤微生物组的健康、建立健康皮肤屏障的产品仍然有巨大发展潜力。

如果出于一些原因，你必须口服抗生素治病，那么记得在这一治疗期间服用一些口服益生菌。注意不要同时把两种药物一口吞下。举个例子，如果你在早上服用口服抗生素，那么就在晚上服用口服益生菌。这将有助于确保你的益生菌有机会发挥作用，而不被抗生素的杀菌功能抵消！如果你的医生认为无限期服用低剂量抗生素是可以的，那就换个医生吧。

- **益生菌**（每天100亿～150亿CFU）：虽然从康普茶这类的发酵食品和饮料中获取益生菌是最理想的做法，但是通过服用补充剂来获取也是完全没有问题的。大致来讲，益生菌可以控制免疫系统的发展，将免疫反应转向调节和抗炎状态。由于它可以帮助皮肤改变慢性炎症状态，所以它也可以在治疗慢性炎症中发挥作用，如治疗炎症性肠病、痤疮、玫瑰痤疮、湿疹和因紫外线辐射而导致的皮肤早衰。你可以通过食用含有活性菌的酸奶、酸菜、泡菜和发酵饮料（如开菲尔和康普茶）来获取益生菌。但是，需要注意的是当你吃酸奶时，你并不知道你究竟得到了多少活性培养物。一般来讲，活性培养物通常都是按照每剂量中CFU（菌落形成单位）的数量来计算的。CFU可以用于测量益生菌中细菌分裂并形成的菌落数。你也可以将一个CFU理解为一个单独的菌落。CFU标签通常出现在益生菌补充剂上，但并不经常出现在富含益生菌的食物和饮料上。所以，为了确保你能获得足够的益生菌，食用富含益生菌的食物和饮料的同时服用补充剂才是最佳选择。

益生菌产业现在也正蓄势待发。我相信，随着时间的推移，我们会发现更多有益的新物种，并将它们用于各种益生菌制剂中，并可以在药店中买到。

请记住：益生菌只是护肤方案的一个补充

请不要停止服用医生给你开的其他药物。益生菌不能取代药物治疗或者防晒霜的功效，它只是可以与你目前正在实施的其他护肤计划共同起作用。如果你正在服用口服抗生素，请规划好益生菌的服用时间，最好在服用抗生素的间隔时间内服用益生菌。

若想找到高质量的益生菌，首先你可以去那些以天然补充剂闻名的商店。问一问店内熟悉益生菌种类的员工，他们会给你提供一些建议。许多商店都有这种非常精通益生菌知识的员工，他们的日常工作也是只负责这一门类。益生菌像药品一样受美国食品药品监督管理局监管，你肯定不希望产品的宣传与其实际性能不符。另外，不同产品的价格差异可能也较大。销售人员还可以帮你更好地了解不同产品中益生菌的命名法，因为有些品种可能有多个不同的名称。大多数产品含有多种菌株，但也有一些产品只含有一种益生菌。记住，你的肠道里有上万亿个细菌，每一种细菌的存活率和益处都不同。不同的菌株执行不同的功能，所以在科学家了解具体的细菌功能（如菌株 X 适合于条件 Y）之前，你最好多摄入一些不同类型的菌株，你可以选择一个富含多种益生菌的补充剂，或者结合两个或更多的益生菌菌株。这将确保你的肠道和皮肤达到最佳状态。每个人的肠道都是独一无二的，这意味着对你有效的东西不一定对别人有效。你的目标是支持肠道“社区”的多样性。肠道益生菌的种类越多，对你就越好。

请确保你所选择的每剂益生菌至少含有 100 亿 CFU。虽然你可以买到每剂含有超过 1 000 亿 CFU 的益生菌，但是你最好先从较低的摄入量开始尝试，然后逐渐增加。在适应益生菌以及改变肠道环境的过程中，由于肠道状况不同，你有可能会出现腹胀等问题。

益生菌产品的包装技术目前也在迅速发展中。各大公司不仅要确保益生菌有较长的保质期，还需要确保它们能在通往消化道的过程中存活下来，顺利到达目的地后发挥功效。一些技术水平较高的益生菌生产公司会提供相对可靠的保障，确保它们的产品在有效期内都是有效的，并且可以让它们在不被胃酸伤害的情况下到达目标位置（肠道）。许多公司还在包装过程中使用了专利技术，以确保在包装开启前菌株的生存能力和效力。

如果你的益生菌中含有益生元，那么就更好了。但如果你是从饮食中获取益生元，其实没有必要选择含有益生元的益生菌补充剂。

理想状况下，你可以找那种乳杆菌属、双歧杆菌属和凝结芽孢杆菌属的混合益生菌，因为目前已经有大量的科学研究证明了它们在改善肠道健康、提高免疫力和皮肤健康方面具有良好的功效。我也在下面推荐了一些菌种，这些菌种在如今的益生菌产品中都非常常见，你可以很容易找到它们：

- 植物乳杆菌
- 嗜酸乳杆菌
- 鼠李糖乳杆菌
- 副干酪乳杆菌
- 双歧杆菌
- 短双歧杆菌
- 凝结芽孢杆菌

有时你会在成分表上的细胞名称中看到数字或者字母，有时二者还会一起出现。比如你可能看到过类似“嗜酸乳杆菌 DDS-1”的表达。

这些数字和字母其实没有什么特殊含义，它们只是意味着该菌株已获得专利而已。像这里的 DDS-1（DDS 代表的是内布拉斯加州大学的乳品科学系，该细菌是在那里被发现的）就是一种分离出来的嗜酸菌菌株，经过了基因表征，然后在美国专利局正式注册。BC30 也是一个例子，它是指一种获得专利的凝结芽孢杆菌。你不一定非要选择带有这种数字的益生菌产品来保证质量，但是购买时注意最好选择一些经过消费者实验室、美国国家卫生基金会（NSF）或美国药典（USP）会议等机构认证的益生菌。这些组织虽然不能保证产品具有治疗价值，但它们的认证是一件好事，这表明该产品所添加的成分和含量符合其宣传，且没有受到包括铅在内的危险物质的污染。

特殊情况

- **对于不吃肉或者海鲜的人：**我建议每天补充 30 毫克以下的铁元素。如果出现副作用，如胃痛、恶心或腹泻，可以在补铁的同时服用维生素 C 补充剂或食用柑橘类食物，以增加铁元素的吸收。此外，你也可以尝试减少铁元素的剂量或寻找缓释产品。
- **对于每周吃深海鱼不足两次的人：**每天补充 1 000 毫克的 ω-3 脂肪酸，里面需要同时含有 DHA 和 EPA。但是，也有研究表明 ω-3 补充剂的质量问题还是令人担忧的，所以你需要寻找那种通过国际鱼油标准（IFOS）计划认证的产品。这能更好地保证你所购买和服用的产品中的有效成分符合其标签上的标注，并且也没有受到汞等重金属的污染。纯素食者和素食者则可以选择那种经国际鱼油标准认证的从海藻中提取的鱼油。
- **对于头发比较稀疏或者指甲脆弱的人：**尝试在你的饮食中添加

一些生物素补充剂。生物素是一种 B 族维生素，可以改善角蛋白的基础结构，角蛋白是构成头发、皮肤和指甲的基本蛋白质。这类成分往往很少出现缺乏现象。目前，这种补充剂的每日推荐摄取量为 30 微克。你可以每天补充 30 微克，然后一个月后增加到 60 微克，再过一个月后增加到 100 微克。但是，如果你的日常饮食中包含鸡蛋、坚果、豆类、全谷物、香蕉、花椰菜和蘑菇等食物，那么你就不需要再额外补充了。注意，生物素的安全上限是每天 5 000 微克，所以每天 100 微克是不会过量的。有低生物素风险的人主要包括那些长期服用抗生素的人，在治疗痤疮和玫瑰痤疮时服用抗生素很常见。注意仔细阅读产品标签，微克（μg）和毫克（mg）这两个单位是不同的，100 微克等于 0.1 毫克。千万不要看错单位导致过量服用。在剂量非常高的情况下，如 300 毫克时，这种补充剂会干扰某些实验室测试，导致出现假阳性或者假阴性。我所说的测试包括各种各样的孕检和癌症检测等。所以，如果你要做身体检查，一定要提前告诉医生你是否正在服用生物素补充剂。

第三部分

皮肤屏障 21 天修复方案

首先，祝贺你一直读到了这一部分！到目前为止，你已经获得了许多信息，并且学习了比你开始阅读前预想的还要多的有关护肤的知识。如果你还没来得及根据所学知识改变你的一些生活习惯，那么现在就是你的机会。在接下来这一部分，也是最后一部分，我会为你制订一个 3 周左右的计划。在此期间，你将改变你的饮食习惯，使你的肠道 – 大脑 – 皮肤轴重回最佳健康状态。经过这一部分的学习，你会发觉自己由内而外地变得更加美丽了。

改变生活方式，哪怕只是很小的改变，一开始也会让人感觉难以承受。你可能不知道怎样才能改变平常的一些坏习惯，担心自己会不会又重回老路，或者感觉自己空落落的，仿佛缺了一块，又或者觉得新产品花钱太多。

解决这些问题的方法就是实施这个 3 周计划。这一计划实践起来非常简单，在结构、负担能力和适应性方面都达到了很好的平衡，它尊重你的个人偏好和个人选择权。你可以从中找到一些建设性意见，让自己今后的生活方式更加健康。只要遵循我的建议，你很快就能看到结果。请记住，这个计划除了能给你带来身体上的明显好处外，还会在其他方面带来许多好处。可能你最重要的目标就是治好你的慢性皮肤病，而这一计划能为你带来的远不止这些。我希望你也可以看到自己生活中其他方面的变化。你会更自信、更轻松地应对压力，在工作和家庭问题的处理上也会游刃有余。简而言之，你会生活得非常有效率，并且能在工作和生活中收获成就感。我相信你一定可以做到。你也会得到丰厚的回报。

第 10 章

3 周焕活皮肤

做好行动计划，收获健康、美丽的皮肤

做好准备，从今天开始行动，不要再耽搁或者拖延了。千万别觉得自己没准备好或者觉得需要“更好的时机”才能开始。开始行动需要一种力量，而你此时此刻就有这种力量。你已经做好了准备，可以迈出新的一步，由内而外地改变你的外貌甚至生活。我预测，用不了几天，你的皮肤就会变得更健康。你也会感到自己的心理状态更加坚强、平静，在面对日常压力时无比从容。你会感觉自己经常复发的慢性疾病症状有所缓解，特别是那些与你的肠道 - 大脑 - 皮肤轴相关的病灶。你很可能会发现自己在不经意间体重就下降了，你甚至不需要去想减重这件事，也不需要忍受饥饿的痛苦。我希望你最终能发掘自己独特的青春活力，皮肤焕发光彩。你将会：

- 容光焕发，拥有健康的皮肤。
- 头脑更清晰，注意力更集中，动力更强。
- 压力减轻，皮肤病症、胃肠道症状和紧张性头痛缓解甚至消失。
- 由内而外地更加健康、自信。
- 饮食和生活方式更健康，皮肤由内而外地焕发光彩。

- 拥有规划生活方式的力量。
- 能够开始倾听自己内心的声音。
- 渴望尝试新的锻炼方法、新食谱、新产品以及新生活方式。
- 当需要时间“充电”或者减压时，不再会有罪恶感。
- 重新获得追逐梦想的决心。
- 有走出舒适区的动力，并探索未知的可能。

在接下来的 3 周里，你将实现 3 个重要的目标。

1. 通过重新规划饮食结构，建立一种新的滋养身体和皮肤的生活方式。这一过程中需要更好地滋养你的身体内外的微生物组，以帮助你打造最光滑、最干净的皮肤。

2. 把日常练习融入生活中，从而帮助你减轻压力，降低炎症的整体水平（从而抑制皮肤炎症的发生）。这些练习包括身体锻炼和冥想，它们可以帮助你找到生活重心，从而拥有更加健康、富有成效的生活方式。

3. 采用一种皮肤护理方案，以确保你的皮肤可以保持最佳的状态和健全的功能，这一方案将使你的心态和身体保持完美的平衡。

在这个为期 3 周的计划中，我们每周会聚焦于以上目标中的一个，从而帮助你建立新的生活节奏，保持健康的生活习惯。在你按下“开始键”之前的一天或几天，你可以利用这段时间整理一下你的厨房，丢掉那些盒装的垃圾食品，戒掉糖，并用一些天然、健康食品替代它们，让自己摆脱对糖的依赖，为接下来的一周做好准备。

第 1 周的主题是“关注你的肠道”。在这一周，我们要把饮食建议纳入生活计划之中，并且在未来 3 周的时间里都持续这个计划。

第 2 周的主题是“关注你的大脑”。在这一周，我会鼓励你多运动，养成每日冥想（或者做一些其他解压练习）的习惯，并确保你每晚（包括周末）都能至少有 7 小时的睡眠时间。

第 3 周的主题是“关注你的皮肤”。在这一周，你的注意力将转向建立日常护肤方案上，通过这一方案你将拥有光泽亮丽的皮肤。

我会帮助你把这个项目中的所有元素融合起来，并且教会你把这些实践方法培养为长期的生活习惯，我相信你可以做到！一旦你开始适应这些变化，它们便会激励着你继续坚持下去。准备好开始吧，你会爱上在你身上发生的变化的！

准备环节

让我们先来把你所需要的工具全都准备好。首先，选择一个开始实施计划的日子，并且在日历上做记号。不要等待太久，或许你可以从今天或明天就开始。许下承诺，然后做好准备。

准备好所需的补充剂

尽量在饭前或饭后服用益生菌。另外，我也建议在餐间服用其他的补充剂。原因有二。首先，脂溶性维生素，如维生素 A、维生素 D、维生素 E 和维生素 K，如果和脂肪类物质一起服用，吸收会更好。其次，空腹服用某些维生素和矿物质，尤其是锌，会导致出现恶心或胃灼热的症状。

在第 9 章中，我曾提到如果不想单独服用锌、铜和硒补充剂，你可以每天将复合维生素作为微量矿物质的来源。用复合维生素代替那些单独的补充剂是完全没有问题的。与其准备一大堆补充剂但忘记服用，还不如好好地按规律服用一种复合维生素，后者的效果反而会更好。此外，如果你在服用复合维生素时也在服用维生素 E、维生素 C、维生素 D 和钙等补充剂，完全不用担心，因为这种剂量还不会到达危险或者过量的水平。

有关这些补充剂的详细信息，请参考第 9 章的内容。另外，如果你有关于剂量上的问题，这也许是由你的健康问题所导致的，你可以请医生帮助你做出适当的调整。下面列出的剂量对大多数成年人来说都是一个理想标准：

- 维生素 E：每天 400 IU
- 维生素 C：每天 1 000 毫克
- 维生素 D：每天 1 000 IU
- 荷丽可：每天最多 3 粒（每粒 240 毫克）
- 钙：每天 500 毫克
- 锌：每天 10 ～ 30 毫克（随餐服用）
- 铜：每天 1.5 ～ 3 毫克
- 螯合硒：每天 45 微克
- 益生菌：如前文所述

做好规划，你可以在第 1 周的第 1 天就开始服用补充剂。根据个人的特殊情况，有些人可能需要添加铁或者 ω-3 补充剂。详情请参阅第 9 章。

第 1 周：关注你的肠道

本周你要做的第一件事就是整理你的食品储藏室，因为食品储藏室会成为你接下来这段时间的“盟友”。另外，你还需要准备好那些可以焕活皮肤的食材和小吃。我在下面也列出了一个交换清单和一些额外的技巧。我建议你在第 1 周阅读这一部分的所有信息，然后根据你的日程安排，决定本周的三餐和零食搭配，并想办法落实这个计划。之后，你需要整理你的购物清单。很明显，你不可能一次性买齐“替换”部分列出的所有东西，因为那些东西在一个星期内不可能吃完或者用完！

本周你需要做的最重要的一件事情就是丢掉那些破坏你皮肤的食物（见“避开”部分），而摄入那些对你的身体和皮肤有益的食物和饮料。虽然一夜之间就改变饮食习惯似乎很难，但是如果你把它看作一个长远计划中的一小步，那么就不会太困难了。你可以一点点地做出调整和改变。记住，你不仅是在跟“垃圾食品”说再见，也是在跟你的身体做朋友！如果你没有办法快速戒掉这些坏习惯，比如你从记事起就开始喝无糖苏打水，它已经成为你生活的一部分，一下子戒不掉，那么在这种情况下，你可以逐步减少摄入量，然后慢慢戒掉它。另外，想要戒掉一种东西，你就需要一个对身体和皮肤有益的替代品，让你可以很快地爱上它。你的味蕾也会迅速反应，使你不再那么渴望过去那些“垃圾食品”。阅读下面“避开”部分的内容，给自己制订一个目标，避免食用里面提到的食物。我相信你一定可以做到！

避开（任务艰巨，阅读前请先深呼吸做好准备）

- 所有类型的加工食品和精制碳水化合物、糖和包装食品，包括薯片、蛋糕、松饼、甜甜圈、糖果、大多数能量棒和蛋白棒、果酱、果冻、蜜饯、番茄酱和其他添加糖的调味品、加工过的奶酪、加工过的水果和加工过的蔬菜汁、运动饮料、精制面包、软饮料和苏打水（无糖）、油炸食品、精制糖（白糖和黑糖）和玉米糖浆（我知道这有些多，但相信我，我们有美味的替代品供你选择）。

- 人造甜味剂，包括沙拉酱、烘焙食品、加工零食、低脂和减重食品以及早餐麦片中所含的甜味剂。别忘了饮料中也含有这些化学物质。不要喝无糖汽水和茶饮料。不要存在侥幸心理，所有产品都是如此，你要做的就是全部避开。我自己在这方面也经历过一段艰难的时光，但我挺了过来，并且可以跟你分享我的故事！不过，好消息是你可以使用少量的天然甜味剂作为代替品。

- 牛奶、冰激凌。

- 加工脂肪，包括人造黄油、植物起酥油和某些植物油（大豆油、玉米油、棉籽油、菜籽油、花生油、红花籽油、葡萄籽油和葵花籽油）。

替换为（如果可以的话，购买有机、野生和草饲产品）

- **水果和蔬菜：**具体清单请参考第6章的内容。

- **蛋白质：**鱼类（如三文鱼、黑鳕鱼、鲭鱼、鳟鱼、沙丁鱼、鲈鱼、金枪鱼）、贝类和软体动物（虾、蟹、龙虾、贻贝、蛤、牡蛎）、禽类（鸡、火鸡、鸭子）、牛肉、猪肉、豆类（见第6章）。

- **健康的脂肪：**特级初榨橄榄油、椰子油、酥油、由草饲奶牛的牛奶制成的黄油、黑巧克力、牛油果、牛油果油、牛油果蛋黄酱、坚果、坚果酱（注意：杏仁和杏仁酱优于花生和花生酱，因为前者的ω-3脂肪酸和ω-6脂肪酸的比例更好，并且含有更多的维生素E和铁）。

- **低血糖指数谷物：**全谷物糙米或野生米（不含精制白米）、藜麦、谷物面包、大麦、燕麦（传统的轧制燕麦、快煮燕麦和钢切燕麦）。
- **草药、调味料、香料：**新鲜或者干燥的草药、调味料、香料可以为你的食物增添风味。此外，一些天然调味品，如芥菜、自制辣根、香醋和辣番茄酱（不含添加糖或油的）也可以有同样的功能。
- **健康的烘焙原料：**杏仁粉、无糖可可粉、香草精、南瓜派香料、肉桂、可可豆碎粒、香草甜菊糖。
- **天然甜味剂：**枫糖浆、蜂蜜、甜叶菊、椰糖和粗制红糖。
- **富含益生菌的食物：**富含活性培养物的酸奶、开菲尔、酸菜、泡菜、腌菜、高达奶酪或瑞士奶酪这类的软奶酪。
- **富含益生元的食物：**菊苣、大蒜、芦笋、洋葱、蒲公英叶、羽衣甘蓝叶、韭菜、豆薯。
- **可以选择的饮料：**无糖非乳制品（如杏仁奶、椰奶、亚麻奶、腰果奶、开心果奶、豌豆奶）、康普茶、红酒。

小心那些所谓的无麸质食品。许多无麸质产品（并非全部）其实是加工产品，里面的麸质只是被玉米淀粉、玉米粉、土豆淀粉、大米淀粉和木薯淀粉等成分所取代了而已。包装上有“无麸质”的字样并不代表里面的食物都是纯天然且健康的。

我希望第 1 周的计划对你来说能够尽可能有趣且简单一点。所以，本周一个非常合适的目标就是在你收拾好的厨房里自己动手烹饪你的三餐，这可以帮助你更好地管理你的营养膳食，也能掌控你的任务进度。别着急，你很快就能去你最爱的那些餐厅吃饭。自己做饭这一目标的关键其实是帮助你更好地起步，能够将其他干扰、诱惑最小化，使你更专注于对自己大脑和身体的重新训练。经过第1周自己做饭的锻炼后，你还会获得一个好处，那就是可以基本掌控自己的饮食节奏。这会让你在接下来的两周中更加得心应手，也更加敢于冒险。

如果你买的东西上有营养成分标签（大部分新鲜食品，如农产品、鱼类和肉类都是没有标签的），一定要学会阅读这些标签，看看里面是否有可疑成分，如添加糖、部分氢化油（是否有“部分氢化”“氢化”“起酥油”等字样），或者其他一些你不认识的化学物质。

在第1周里，你的重点在于要完全适应新的饮食习惯。如果你的时间不够，或者有时在外面工作，而当地没有厨房，无法自己做菜，你可以提前在家准备好饭菜，然后打包带去。你也可以用这种方法准备一些非常方便的零食，如按比例装几袋坚果。找个容器，在里面装满新鲜的绿色蔬菜（你可以用蒲公英叶来补充益生元），加入切碎的彩色生蔬菜、鸡肉丁或者一个煮熟的鸡蛋。吃之前在上面淋上特级初榨橄榄油。实际上，我每周日晚上都会做一些调料，然后随身带着，这样我在外面吃饭时就可以避免食用那些含有大量糖或者化学物质的调味料。我的调味料做法也很简单，只需要在每个容器中放入一汤匙橄榄油和两汤匙香醋，摇匀，然后分别装入密封袋，这样它们就不会漏掉了。

在过去的10年里，我们市场上的食物种类发生了巨大的变化。

只要你不是住在偏远地区，你应该可以在十几分钟内买到你想要的食材，你可以选择去超市或者当地的农贸市场。

尝试写饮食日记：在这个 3 周计划中，尝试记录饮食日记可能会对你有很大帮助，尤其是在第 1 周的时候。我喜欢在我的手机上用软件做记录，但是对于那些嫌麻烦而不想使用软件的人来说，也可以只是用笔和本子简单地记录每天三餐吃了什么。你也可以记录一些你喜欢的食谱或者食材，如一些可以美肤的食材（举个例子，如果你晚饭吃的是野生三文鱼，第二天皮肤就会更有光泽），或者一些你觉得吃完会出现不良反应的食物（如果你吃全麦制品，会浮肿并长“痘”，可以将它记录下来）。

尝试进行 1 周的超低碳水化合物饮食：新的研究表明，短短几天的饮食干预就可以显著改变肠道的微生物组。这里的饮食干预是指将饮食中的碳水化合物摄入维持在极低水平，包括不吃面包等面粉制品，只吃蔬菜和低糖水果，如牛油果、甜椒、番茄、西葫芦和南瓜。你也可以试试这个方法，看看皮肤状态是否会有所改善。经过 1 周超低碳水化合物饮食之后，你可以逐渐摄入一些低血糖指数的碳水化合物，如燕麦片、藜麦、大麦和杂粮面包，然后观察一下自己的外貌和身体有无变化。如果你的皮肤在你逐渐摄入碳水化合物的过程中出现问题，或者你出现了其他身体问题，那么你就可以知道自己可能对这些食物比较敏感，之后也需要在碳水化合物的摄入上更加严格控制。

寻找一些颜色丰富、明亮的食物：盘子里食材颜色越丰富越好。深颜色的水果和蔬菜富含抗氧化剂，所以多吃这些食物是确保你从饮食中获得足够抗氧化剂的关键（尽量挑选超市或者农贸市场里那些带有一些泥土的本地新鲜农产品）。

不要畏惧脂肪：脂肪不是敌人。只要你吃的是牛油果、坚果或者坚果酱这些健康脂肪，你就完全不需要感到内疚。你只需要确保不在坚果酱中添加糖。请记住，对你和你的皮肤来说，任何坚果或者坚果酱都比经过加工的花生酱更健康。

时间规划要灵活：不要再遵循那些老套、过时而又愚蠢的有关吃饭时间的准则了，你完全不需要因此而烦恼。比如，你不必在醒来后的 2 小时内吃东西，也不必之后一天中每隔 2 ～ 3 小时都进食。新的科学研究表明，把吃饭间隔延长，对新陈代谢更有好处，让身体经历一次短时的断食可以帮助你从新陈代谢到思维神经都有明显的改善！只要你遵循我的计划，你就不会感觉每隔几个小时不吃东西血糖就会下降，也不会为寻找下一顿的食物而感到恐慌。你能够更加得心应手地安排你的用餐时间，不会再出现食欲过旺或者疲劳的问题。这里我唯一建议你遵循的一个时间准则就是你至少应该在睡前 2 小时吃晚饭。你可以在睡前 30 分钟吃一些零食，但是不要再吃大餐了，因为吃了大量东西后马上睡觉会影响你的睡眠周期，而健康的睡眠对皮肤健康至关重要。

吃点零食：在正餐间隔时间里吃点零食是完全没有问题的。注意要确保你在补充少量蛋白质的同时摄入一些健康的脂肪和纤维。

不要在咖啡里加糖和奶：抛弃摩卡奇诺和焦糖拿铁，试着喝一喝轻咖啡。想想这些甜咖啡里面隐藏的糖分，你还不如干脆喝一杯糖呢！

坚持使用纯油：使用特级初榨橄榄油、牛油果油、草饲奶牛的牛奶制成的黄油或酥油（澄清黄油）来烹饪是最理想的。与橄榄油相比，椰子油、牛油果油和酥油更适合用于高温烹饪（它们的烟点是 375

~ 405℃）。如果你要炒蔬菜，可以尝试用特级初榨橄榄油，然后混合一点酥油。不要使用加工油或者烹饪喷雾油，除非你的喷雾油是由特级初榨橄榄油制成的。目前，人们对于椰子油有很多争论。有人说，虽然它的饱和脂肪含量很高，但是它对人体有好处；而另一些人则有不同的说法，还会告诫你不要使用椰子油。非常遗憾的是截至目前仍然没有研究能够给出明确的结论。如果你问我的观点，我会说适量食用椰子油是很好的，尤其是当你遵循我的建议没有同时摄入大量碳水化合物时。你应该主要使用特级初榨橄榄油，但是如果一些菜谱要求你使用椰子油，或者你需要高温烹饪时，使用椰子油也是完全可以的。

每周做两次烤蔬菜：我会每隔 3 晚烤一些蔬菜，之后我就可以把它们加到我早餐的炒蛋里，放在午餐的沙拉里，或者留到晚餐时当配菜吃。烹饪它们也非常简单，你只需要把花椰菜、各种颜色的辣椒、芦笋、抱子甘蓝、蘑菇和洋葱切成片，然后平铺到两个大烤盘上就行。我还会再切一些大蒜碎，跟橄榄油混合后倒在蔬菜上。之后用烤箱 350℃烤 45 分钟，烤到蔬菜外层酥脆即可。你也可以根据不同的日子和心情把大蒜换成其他香料（如姜黄），我有时就会根据我当时的口味和喜好，在蔬菜上撒一些干罗勒、牛至和新鲜的迷迭香枝。

饮品选择

你可以每周给自己做两次“排毒水”，即在普通的水中加入一些排毒的抗氧化剂，如柠檬片、薄荷叶、黑莓和黄瓜片。用这样一大杯的“万能药”来开始你的一天。如果你早上时间不够用，或者不喜欢起床马上喝水，你可以把它倒进保温杯里留在路上喝。我早上一般就是喝一杯热咖啡或者一杯冰镇的“排毒水”。这大概就是我的一个矛盾点吧，我认为温度与味道可以相辅相成，并且也很享受可以每天早上第一件事就品味这种和谐。

水并不是你可以选择的唯一饮品。你听说过黄金牛奶（姜黄奶）、康普茶或者路易波士茶吗？我已经为你准备了一些好东西，详情见下面的清单。水合作用是拥有健康皮肤的关键，所以我每天主要会以单纯的过滤水和我的“排毒水”为主。我发现只要喜欢所喝的东西，就会喝它。但是注意要远离那些含有人造甜味剂的所谓“无糖”饮料！下面就来看看你一天的水合作用吧。

- **早上起床拥抱太阳：**如果你也喝咖啡，那么尽量像我一样在早上喝，注意每天不能超过两杯，尽量喝不加糖和奶的纯咖啡，你可以加点肉桂或者无糖杏仁奶。你也可以用茶来代替咖啡。我过去也常常喝淡咖啡，并且会在里面加一包糖和一大匙的无糖榛子粉奶油，曾经也觉得越甜越好。但是在我了解到人造甜味剂对肠道的伤害后，我就开始强迫自己喝黑咖啡。第一天喝的时候真的感觉非常糟糕。但是到了第二天，我就可以欣赏它的苦味并接受它了。在之后的日子里我尝试了深度烘焙、中度烘焙和轻度烘焙的咖啡，可以说这也是我从开始喝咖啡以来第一次真正地品尝咖啡！就这样过了 1 周后，当我尝试往咖啡中加无糖杏仁奶和肉桂时，我完全爱上了这种自然的甜味。我最近又尝试喝了一口我以前喜欢的那种超甜咖啡，结果刚喝了一口我就忍不住吐了出来！它尝起来就像化学物质，甜得令人作呕，我的身体已经排斥它了。
- **正午的疯狂：**如果你想在一天的晚些时候摄入一些含咖啡因的饮品，可以选择喝茶，最好是富含抗氧化剂的绿茶或乌龙茶。午餐或者下午茶点时，你也可以发挥创意，给自己倒一杯富含益生菌的康普茶。我会每天喝一瓶康普茶来替代无糖汽水或无糖冰茶。幸运的是现在大多数杂货店都可以买到高质量的瓶装康普茶，所以你不用费力自己制作。如果你想喝不含咖啡因的茶，也可以试试有抗炎功效的路易波士茶。

• **晚餐时的快乐：**记住，晚餐时你可以喝一杯红酒。另外，别忘了一定要喝水。

• **睡前的准备：**睡觉前，我喜欢喝一杯甘菊茶或路易波士茶。如果我有几分钟的空闲时间，那么我喜欢给自己做一杯热的姜黄奶。

零食选择

• 一把生坚果（对皮肤最有好处的是杏仁、腰果和核桃）。

• 取两大匙牛油果酱、橄榄酱、鹰嘴豆泥、坚果酱，或者咸味牛油果酸奶酱，将生蔬菜（如芹菜、胡萝卜、青椒、西蓝花、黄瓜、水萝卜）切成丝蘸酱食用。

• 由植物蛋白和 4 克以下的糖制成的蛋白质棒。

• 取一汤匙杏仁酱，将一个中等大小的苹果切成片蘸酱食用。

• 在一片发芽谷物面包上面抹上牛油果泥，淋上橄榄油，撒上一小撮盐。

•4 片冷烤火鸡、烤牛肉或者蘸有芥末的鸡肉。

• 一两个煮熟的鸡蛋。

• 一碗新鲜浆果和几块黑巧克力（最好可可含量在 70% 左右）。

• 乳酸发酵的蔬菜，如酸菜、胡萝卜和红甜椒，搭配姜黄奶。

• 一份含有活性培养物的希腊酸奶，上面可以撒一些可可粒、亚麻籽或者坚果碎（还可以加几滴香草甜叶菊糖浆）。

- 用一勺植物蛋白、不加糖的杏仁奶、半根香蕉和冰块做成的蛋白质奶昔。

第2周：关注你的大脑

到目前为止，你已经在护肤之旅上坚持一个星期了，你应该在皮肤和身体方面都感觉比原来更健康了。你对糖的渴望是不是也少了？有没有感觉脚步更加轻松了？皮肤是不是更干净了？头脑是不是更敏锐了？是不是也更有前进的动力了？在第2周，我们来谈谈那些有助于保护大脑健康（和功能）的生活习惯，这也是肠道－大脑－皮肤轴这一联系中的第二大环节。

我建议你每天拿出至少1小时的时间来做一些减压练习。这并不意味着你总是需要在一天中拿出完全不受打扰的完整的1小时，你可以选择分几次做一些不同的运动，如瑜伽、深呼吸练习，或者和朋友一起去运动，然后把这些时间相加。但是，无论这1小时是在一天中一次性完成，还是分开完成，你都要把它安排在日程上，并把它当作像参加商务会议或孩子的毕业典礼那样重要的事情来执行。记住，这是我作为医生给你的命令！如果你不给你的身体和心理一个恢复的机会，你的身体就会受伤，你的皮肤也会受伤。下面是一些加强身体锻炼、冥想和睡眠的方法，相关概念我在第7章中也说过。

动起来

很遗憾，但你也知道这个建议早晚会出现。如果你还没有锻炼身体的习惯，那么现在是时候开始培养了。不要再窝在家里看电视了。也不要再给自己找借口逃避锻炼了。如果你习惯久坐不动，可以先从 5 ～ 10 分钟的高强度间歇运动开始练起（30 秒的剧烈运动，然后是 90 秒的恢复）。慢慢增加到每天 20 分钟的锻炼时间（高低强度交替进行），并且保持每周至少锻炼 3 次。你可以通过许多方法达到这一点：户外散步，然后改变你的配速和强度（尤其是在山坡处）；使用传统的健身器材；或者也可以跟着网上的视频在家里舒服地做一些常规锻炼。你可以尽情地发挥你的创意，让锻炼变得更有趣！有趣是让你能动起来的最重要的因素。如果跑步机只会让你觉得是一种折磨，解决办法很简单——换一种能让你有动力的运动方式，如舞蹈、瑜伽、攀岩、打球、滑雪。锻炼其实就是这么简单。

我再次强调，如果你不喜欢去传统的健身房锻炼，你可以选择别的方式，现在机会到处都是，所以不要再找借口了。选择哪种运动方式并不重要，但是你一定要做出一个选择！拿出你的日历，然后规划好你的锻炼日程。

除此之外，注意每天在工作之余要多活动，尤其是当你一整天都非常忙，没时间做正式锻炼的时候。你可以在上班或者在家的时候忙里偷闲地抽出几分钟来活动。许多研究都表明，分 3 次每次 10 分钟的运动与一口气锻炼 30 分钟，两种方法对健康有同样的好处。所以，如果你空闲时间不多，那就把你的时间分成小块，然后想办法把锻炼和其他任务结合起来。例如，你可以一边跟同事开电话会议，一边在外面散步；或者晚上看电视的时候同时在地板上做做伸展运动。尽量减少坐着的时间。打电话的时候，就四处走走；平时别坐电梯，多爬楼梯；或者把车停在离办公室、家门口稍远一点的地方，然后走回来。

记住，你运动得越多，你的身体和皮肤就会越好。

如果你已经在坚持执行健身计划了，你也可以尝试把锻炼时间增加到每周5天，每天30分钟以上。你也可以从这周开始尝试一些不同的运动，如参加舞蹈课，偶尔去练练普拉提，或者打电话给那些喜欢运动的朋友，问问他们有没有什么建议和想法。所有这些的重点在于你要确保你的日常锻炼是平衡的，要采取多种锻炼方式，使得自己身体的各个部位的肌肉群都能得到充分锻炼。你的身体对于新运动的反馈也会更好，如果你一直只做同一种运动，你的身体就会适应它，这就意味着这项运动的益处会减少，除非你每次都会加大强度（大多数人不会这么做）。因此，日常锻炼的方式越多样，你的身体和皮肤就会越强壮、美丽和健康。

你也可以思考一下自己有没有每天在做同样的运动。你是否只喜欢有氧运动，而不做力量训练，所以虽然心肺功能得到了很大的提升，但是肌肉力量却很小？其实，我之前也算是一个“有氧达人”。在我过去的认知里，如果我在锻炼结束时没有大汗淋漓，那就不算锻炼。所以之前我很瘦，但是并不健美，也从未感觉自己身体强壮。更重要的是一味的有氧锻炼反而让我精神疲惫，并且很想吃很多不健康的食物来补充我的能量消耗，帮助我撑过这一天（每次我走进咖啡馆，总会感受到松饼和各种烘焙食物的召唤）。直到有一次，我的膝盖受伤了。这次膝盖受伤来得正是时候，它迫使我降低了有氧运动的强度，并且尝试一些新的锻炼，如普拉提。我感受到了这些慢节奏运动的益处，它们使我更加强壮，精力也变得更加集中。于是在这之后，我开始探索各种不同的运动。

以下是我现阶段的锻炼清单（注意：当你读到本书的时候，可能我的锻炼情况已经发生了变化，因为我一直都在不断尝试新的运动。不过，我的中心思想应该已经显而易见——平衡和多样）。

- 每周 2 天的力量训练（使用哑铃或者阻力带）。
- 每周 1 天的有氧运动间歇期（高强度有氧运动的间隔恢复期，之后继续重复有氧练习）。
- 每周 1 天的普拉提练习（50 分钟）。
- 每周 1 天的轻度有氧运动（如在椭圆机上进行中等强度锻炼 30 分钟，我会同时拿平板电脑看一些我喜欢的节目）。
- 每周 1 天的瑜伽练习。

我现在的瑜伽课安排在了周五下午，所以我每次都得期待一整周时间！我一般会用几分钟的“挺尸式”来结束我的瑜伽课程，这里的“挺尸式”不仅是一种瑜伽姿势，也是一种冥想形式。我在练习瑜伽之前，每次周五回家时都会头晕眼花，疲惫不堪。但是，现在我回到家仍然精神焕发，并且还能期待着与家人共度一个美好的周末。我的新的锻炼安排让我身体更加强壮，身体也更加平衡了。我现在有健康的心脏（多亏了我每周两天的有氧运动）、强劲有力的肌肉（多亏了力量训练），并且得益于普拉提和瑜伽练习，我现在还拥有了修长、苗条且灵活的身体和强壮的核心肌群。你并不一定要和我做一样的运动。我想说的是你要努力保持锻炼的平衡和多样性。如果你每天都做同样的运动，你的身体和大脑会很容易适应，效果也就没那么好了。

静下来

正如我在第7章所述，冥想对于我们的身体而言有神奇的功效，它可以让我们的身体快速平静下来，并且引发所谓的放松反应。不过，你也并不一定要通过冥想来达到这个效果。你可以练习深呼吸、太极或者昆达利尼瑜伽[①]等。你的目标就是每天找个时间为自己“按下暂停键”，让自己产生放松反应。所以，至少先试着在这周定下一个时间做一做每天的放松练习。你可以把它当作早上第一件事做，或在午饭后做、下午3点准时做（在手机上设个闹钟），或者睡觉前做都行。时间并不重要，重要的是你是否去做！

睡好美容觉

除了养成冥想习惯和更加适合的锻炼习惯之外，从第2周开始你还需要关注你的睡眠质量。如果你每晚的睡眠时间不足6小时，那么你可以从这一周开始将睡眠时间增加到7小时以上。对大多数人来说，如果想让体内波动的激素水平达到正常、健康的状态，并与健康的昼夜节律相匹配，这是最低的要求。有些人可以少睡一点，但对于绝大多数人而言，每晚至少睡7小时才可以达到一个较好的效果。记住，如果你晚上没有足够的睡眠，你锻炼一天获得的所有收益都会被抵消。下面我分享了3条建议，可以使你拥有良好的睡眠，也重新帮助你回顾一下第7章的内容。

将你的睡眠时间看作宝贵的财产并认真保护它。无论有什么事情，

---

① 一种具有冥想功效的瑜伽风格。——译者注

都要保证每天在大致相同的时间睡觉和起床。养成一个固定的睡眠作息，包括刷牙、洗热水澡、阅读等，做一些你觉得可以让自己放松的事情，使身体接收“要睡觉了”这个信号。另外，不要忘记保持卧室的安静、凉爽和黑暗，也不要把电子产品带进卧室。

规划好每天的最后一餐。在晚餐和就寝之间至少留出 2 小时，让你的胃能够平静下来，做好睡觉的准备。如果你想吃睡前零食，可以把这个时间放在睡前半小时到 1 小时的时间里。

留心那些会令人兴奋或格外镇定的食品。咖啡因和酒精会对你的睡眠产生不利影响。如果你摄入了这些成分，一定要确保没有在睡前 3 小时之内摄入它们。下午 3 点后不要再喝含有咖啡因的饮料（包括茶）。酒精虽然一开始确实会让你有昏昏欲睡的感觉，但是随着它在你体内新陈代谢，你会愈加清醒。每天喝酒不要超过 2 杯，最好晚上不要喝酒，至少在这 3 周时间内坚持一下。

第 2 周结束的时候，你应该比第 1 周收获更多。当然，如果你感觉自己这一周并没有完全做好，也不要着急。我们中的大多数人在生活中都会有至少一个需要额外关注的弱点。可能对你来说找时间训练是一件极其困难的事情，或者摆脱那些对你的身体和皮肤有害的碳水化合物会让你觉得很困难。这些都没有关系，利用好即将到来的第 3 周时间，在你的新生活流程中找到适合你的节奏，进一步巩固你的新习惯和美容模式。人们常说，想要完全养成一个新的习惯只需要 3 周时间。考虑到你所获得的回报，这个时间并不算长。找到这些安排中你觉得很难维持的地方，然后再思考第 3 周可以做些什么来解决这些问题。

第 3 周：关注你的皮肤

到了第 3 周，你的皮肤已经开始由内而外地焕发光彩了，本周可以由外而内地做一些改变了。具体的皮肤护理细节请参阅第 8 章。针对这些新的护肤流程，我在下面也给出了一些建议，希望你可以在本周实施。首先是一张待办事项清单：

护肤前的检查清单

• 清理浴室，扔掉那些带有刺激性的清洁剂、肥皂、搓澡巾、身体磨砂膏、海绵和放置了很久的化妆品。用本书第 8 章中给出的新产品代替它们。

• 扔掉包装上标有“抗菌”字样的肥皂。

• 限制手部消毒液的使用，只在没有温和的肥皂和水的情况下才使用。

• 扔掉所有含酒精的爽肤水或毛孔收缩剂。

• 如果你一直在使用外用抗生素（如红霉素或克林霉素）治疗皮肤问题，确保你同时在使用外用过氧化苯甲酰来限制细菌的耐药性。更好的办法是向皮肤科医生咨询是否有不含抗生素成分的外用处方或非处方药。如果你遵循本书给出的所有建议，你很快就会发现自己不再需要处方药了。但在这一过程中，有时你也会需要在皮肤科医生的帮助下才能做到这一点。

• 如果你一直在服用口服抗生素治疗慢性皮肤病，请确保你也在同时服用口服益生菌（你应该在第 1 周就开始服用益生菌，所以这只是一个提醒）。另外，确保你服用口服抗生素的时间不超过 3 个月！如果你的情况在 3 个月后没有明显改善，那么就要和皮肤科医生一起商量新的对策了。

- 购买至少一种含有益生菌的外用产品，并按照包装上的说明从本周开始使用。建议你本周选择一天在脸上敷一次富含益生菌的面膜。选择另外一天尝试富含椰子油的面膜。
- 购买一些护肤产品：

☆保湿沐浴露或者沐浴膏。

☆洗面奶。

☆富含抗氧化剂的日间精华液。选择一种可以针对面部和脖颈处的精华液，并尝试寻找一种含有维生素 C、维生素 E、阿魏酸、锌、铜或者绿茶的精华液。你不太可能找到含有上述所有成分的产品（如果你找到了，请告诉我），所以你最好选择一种含有大多数成分且包装良好的产品（不要选透明瓶子装的，因为暴露在光线下会使这些敏感成分失效）。

☆含有防晒功效的保湿霜。

☆夜间精华液。你要看看精华液里面是否有能够解决你的皮肤问题的有效成分。例如，有些精华液可以减少皱纹，有些精华液可以淡化黑斑，还有一些精华液则可以预防痤疮。如果你没有具体的皮肤问题需要解决，只是想找一款普通的夜用精华液，我推荐含有多肽、生长因子、抗氧化剂和视黄醇的精华液。你也可以单独买一个视黄醇精华液，但是注意不要每晚使用，偶尔用一下即可，以免出现烦人的副作用，不是每个人都能承受得了每天使用视黄醇产品。

☆夜间保湿霜。

晨间护肤流程

无论是洗脸还是沐浴，你在清洁皮肤的时候都不需要使用那些各式各样的刷子或者搓澡巾。事实上，最好的方式就是直接用手来抹洗面奶、保湿沐浴露或者沐浴膏。如果你患有湿疹或者有过敏症状，那么你可以找那种无皂基、无香味的沐浴露。最好能选择含有保湿成分的产品（注意标签上是否有“补水”或者“保湿”的字样）。用温水洗澡，水温过热会使你的皮肤发痒和干燥。

你可以选择在淋浴或者泡澡之后洗脸。对于晨间护肤来说，尽量选择温和、pH 均衡、不含皂基成分的水基保湿洗面奶。看包装上是否有“柔和”“零刺激”“温和”等字样。一些为婴儿或者有特殊皮肤需求的群体所设计的洗面奶也是非常不错的选择。

洗脸时，只用温水和你的指尖部位揉搓即可。洗净后，将多余的水分轻轻拍干。你也可以用洗面奶和温和的磨砂膏或含有乙醇酸和乳酸等成分的化学磨砂膏来去角质，但是注意每周不要超过 2 次。如果一周去角质超过 2 次则会破坏皮肤屏障，导致皮肤泛红，出现斑点，对其他护肤产品更加敏感，并且加速皮肤衰老。

在往你的脸上涂护肤品之前，先抹一层抗氧化精华液（你也可以在防晒霜中加几滴抗氧化精华液）。

接下来，涂抹你日常使用的含有防晒功效的保湿霜或者保湿防晒霜。你的防晒霜也可以兼作保湿霜。所以，如果你再往你的保湿防晒霜中加入几滴抗氧化精华液，那么你就获得了 3 重保障。

最后，不必担心化妆。许多女性很害怕化妆对皮肤产生副作用，其实化妆是利大于弊的（它能增强你的自信，还能让你变得更美）。

不过，注意不要选择太油腻的粉底。如果标签上有“不致痤疮”的字样，意味着这款粉底会不会堵塞毛孔。使用那些质量高、通过了相关测试的知名品牌的产品。这些品牌占据了大型连锁药妆店和百货商店化妆品区域的大多数货架。虽然药妆店的化妆品和百货商店中卖的化妆品品质都很好，但是有时多花点钱买更贵的产品也是一件有趣的事情。比如我就很喜欢百货商店和专业的化妆品商店中卖的粉底，因为我喜欢它在我皮肤上的感觉。

另外要注意，对于产品中所含的化学物质以及是否应该使用有机产品等也不用过度担忧。同时，我们也听过一些令人恐惧的新闻说一些美容产品的化学成分和洗涤剂最终会造成严重的副作用，如皮疹和脱发等。不过，声称没有化学成分、完全使用有机物配方的产品也不一定就比用化学成分制成的化妆品好。有机物并不意味着完全安全或者不会引起副作用。炭疽菌和毒葛都是天然的有机菌！无论你是否购买有机化妆品，一定要选择那些声誉较好、没有负面报道的品牌。

晚间护肤流程

夜间是皮肤自我恢复的时间，可从白天的自由基、污染和压力中恢复。所以，你需要给皮肤在夜间充分休息的时间，让它更好地恢复功能。

如果你平时化眼妆比较多，或者粉底涂得比较厚，又居住在城市、城郊（这些地方污染较重），那么我建议你做二次清洁。这意味着你需要先用一次油基清洁产品，再用一次温和的水基清洁产品。目前市面上有很好的油基洗面奶可供选择，或者你也可以用橄榄油自己来制作（见下文）。如果你不经常化妆，也不住在城市里，那么你晚上用的洁面产品可以和早上相同，使用同一款温和的水基洗面奶即可。

自制卸妆水

在一个顶部密封的瓶子里倒入 2 杯过滤水，加入 2 汤匙橄榄油，将其摇匀充分混合，然后用化妆棉蘸湿后涂抹在脸上。

在洗完脸的 5 分钟内，一定要用一些夜用产品帮助皮肤留住水分。你可以从含视黄醇的产品开始。如果你的精华液中含有视黄醇，那么你就不需要再单独使用视黄醇产品了，要避免过度使用视黄醇。

在手上挤出豌豆大小的量，在额头、脸颊、鼻子和下巴处轻轻拍打，并揉搓，这些量足够覆盖整张脸。另外，再取豌豆大小的量用于脖颈处。你可能觉得这个量有点少，但是其实一点点成分用于抹脸和脖颈处都是够用的。另外，对于刚刚开始护肤的人来说，一定要奉行“少即是多”的原则。

接下来，将你的精华液和晚霜涂在这层视黄醇产品的外面，以免出现干燥或者刺激反应。推荐使用含有透明质酸、维生素和多肽等保湿成分的晚霜。

月见草油可缓解明显的皮肤问题

患有痤疮、银屑病、玫瑰痤疮或湿疹等皮肤病的人都可以尝试抹一点月见草油。月见草油是亚油酸的重要来源，而亚油酸是一种可以减少皮肤炎症的有益脂肪酸。你可以在精华液和晚霜之间涂抹月见草油。

如果你住的地方冬季比较干燥，皮肤会出现干燥开裂的现象，那么你可以在这几个月的时间里在眼睛周围涂抹眼霜或者椰子油（有些人习惯一年四季不管住在哪里都用眼霜，这样也是可以的）。

你也可以把椰子油涂在膝盖以下的小腿位置和脚跟的地方，因为那里皮脂腺较少。肘部和膝盖磨砂产品也很适合用在这些部位。另外，如果偶尔晚上有空余时间，也可以试一试满足你的皮肤需要的面膜（下文介绍的是我所用的一种抗氧化面膜）。

蔓越莓、苹果抗氧化面膜

这是我非常喜欢的一种强效抗氧化面膜，它的制作方法非常简单，效果却很好，会让你的脸有容光焕发、焕然一新的感觉！蔓越莓和苹果富含抗皱纹的抗氧化剂，如维生素 C，它有助于胶原蛋白的生成，并且可以加强头发和指甲的功能。杏仁油则富含维生素 E，可以软化和滋润皮肤，改善肤色。研究已经证实杏仁油可以减缓衰老的外在表征。

配方：一个苹果，去皮、去核、切碎；半杯新鲜或解冻的冷冻蔓越莓；1 汤匙杏仁油。

将所有食材混合，用食品搅拌机搅拌，直到混合物呈黏稠的糊状，并且质地偏厚一些。将其抹在洗净的皮肤上，静置 3 ~ 5 分钟，然后用温水洗净。

如果经过这 3 周，你原来的皮肤问题还没有解决，那么就需要去看看皮肤科医生了。怎么找合适的医生？你可以问问你的朋友或者同事有没有推荐，或者也可以让内科医生帮你介绍。

接下来呢

3 周时间结束后，你应该做些什么？答案就是继续保持计划并实践之。将这些改变作为你的习惯，继续坚持我所说的饮食方案，保持良好的生活节奏，抽时间运动、冥想、睡眠，并且每天温和地护理你的皮肤。每周末都提前做好下一周的计划，用 10 分钟计划好每周食谱，整理好购物清单，看看是否需要增补其他物品，如晚霜快用完了，需要再买一瓶。尝试预测一下哪几天会比较忙碌，然后尽可能提前做好准备。在外就餐时，尽量选择那些使用新鲜、有机、当地种植的食材制成的饭菜。你在家中自己做饭时选择的食材一定是这种新鲜且未加工的，所以，选择餐厅的时候也可以以此为标准。尽量不要在超市购买现成的加工食品，要选择那些没有人造甜味剂和氢化脂肪的新鲜食材。记住，你完全不知道外面卖的食物里面会加什么，自己做的才最放心。

现在的许多软件也可以帮助你更好地实现目标，它们可以追踪和记录你的各项行为，然后帮助你做出明智的购买选择（如告诉你各种食物的血糖指数），帮助你通过引导图像顺利地进入冥想状态，甚至还有一些应用可以帮助你拥有更好的睡眠。不要抗拒新科技，那些真正有用的技术是可以让你从中受益的。我自己也在使用电子日历来帮助我规划日程，并且记录锻炼时间，我还会用软件来记录我的日常饮食和我喜欢的一些食谱。你也可以选择一些适合你的软件。

正如我经常对我的患者说的那样，计划可以灵活变化，但是一定要坚持下来。我们都会有不如意的几天，都会有些晚上睡不好，或者有时候会忍不住吃糕点，甚至吃两份高热量的甜点，然后又开始自责。但是，这偶尔的小失控并不会毁掉你的皮肤。你可以重新恢复皮肤健康。只要你在剩余 90% 的时间里可以坚持执行计划就完全没有问题。而且，你还会从中受益。这些小失控会让我们更有人情味，也能让我们感觉更有活力。

你不需要对所有产品都自己做功课或者亲身测试，我可以帮助你！你需要有大局意识，并且记住你完全可以通过行动让你的皮肤更美丽、健康，这点永远不会出错。我也会一直陪着你，帮助你更好地实现目标。现在，准备变美吧！

第 11 章

焕活皮肤的妙方

让你焕发光泽的食谱和面膜配方

焕活食谱

下面我列出了我所推荐的一些食物和饮料。你可以根据本书中给出的饮食建议自由地规划你的饮食。你的目标要放在寻找那些新鲜且未经加工的天然食材上。记住，在购买食物时，尽量选择有机食品或者草饲 / 野生动物的肉。

浆果奶昔（1 份的量）

- 2/3 杯无糖杏仁奶。
- 1 汤匙海洋胶原蛋白粉或者植物蛋白粉。
- 1/2 个去皮、去核的牛油果。
- 2 ~ 3 个去核红枣。
- 1/2 杯冷冻浆果。
- 1 茶匙香草精。
- 1 茶匙肉桂。

• 一些冰块。

将上述所有原料放入搅拌机中搅拌至顺滑（大约 45 秒）。如果做出的奶昔不够冰或者不够黏稠，可以再往里面加一些冰块。

“排毒水”（大约 8 份的量） 饮品

• 一罐过滤水（至少 1.8 升）。
• 1 个柠檬榨汁。
• 1 个柠檬切成薄片。
• 20 颗新鲜黑莓捣成果泥。
• 1 根黄瓜切成薄片。

将所有材料混合在一起，放入冰箱冷藏即可。

草莓香蕉燕麦（2 份的量）

• 1 杯燕麦片。
• 1 汤匙奇亚籽。
• 2 茶匙天然枫糖浆。
• 3/4 杯无糖杏仁奶。
• 1/4 杯无糖椰奶。
• 1 勺植物蛋白粉（香草味或者原味）。
• 1/2 杯新鲜的草莓切片。

- 半根香蕉斜切成薄片。
- 一把杏仁片。
- 少许肉桂粉。

将燕麦、奇亚籽、枫糖浆、杏仁奶、椰奶和蛋白粉倒在一个小碗里充分混合，然后将混合物分装到两个瓶子中，盖上盖子，放在冰箱里静置一晚。第二天早上将瓶子拿出来，充分搅拌，混合物会变得顺滑且美味。然后在上面铺上草莓、香蕉、杏仁片和肉桂粉。你也可以根据喜好将椰奶和杏仁奶替换为二者结合的杏仁椰奶。

松饼（2 份的量）

- 1 杯杏仁粉。
- 1 茶匙小苏打。
- 少许盐。
- 半根成熟香蕉捣成果泥。
- 2 个鸡蛋。
- 1/4 杯杏仁奶。
- 2 茶匙香草精。
- 1 ~ 2 汤匙酥油。
- 2 汤匙杏仁酱（可选）。

将杏仁粉、小苏打和盐放在一个中等大小的碗中搅拌。在另一个碗中把香蕉泥、鸡蛋、杏仁奶和香草精混合。将干料倒入湿料中，充分搅拌至顺滑。中小火预热平底煎锅，倒入酥油。然后向锅中倒入两汤匙混合好的面糊，摊成松饼，每一面煎 3 ～ 4 分钟，直到两面煎至金黄色。在烹饪剩余面糊的同时，可以将已经煎好的松饼放在已加热的盘子中，然后放入低温烤箱中保温。你可以根据你的喜好在松饼上抹一层杏仁酱，也可以搭配姜黄奶。

牛油果慕斯（1 ～ 2 份的量） 甜品

- 1 个大号牛油果去皮、去核。
- 1/4 杯无糖可可粉。
- 1/4 杯无糖杏仁奶或椰奶。
- 2 茶匙甜菊糖。
- 1 茶匙香草精。
- 1 把浆果或者 31 克可可粒。

将牛油果放入食品加工机中打成果泥。将可可粉与乳制品混合后倒入打好的牛油果泥中，加入甜菊糖和香草精，然后将它们倒入另一个碗中，放入冰箱冷藏 30 分钟。食用之前，在上面撒上浆果或者可可粒。

巧克力香蕉慕斯（1 份的量） 甜品

- 1 根剥皮的冷冻香蕉。
- 2 汤匙无糖可可粉。
- 少许无糖杏仁奶或者椰奶。

- 1 汤匙海洋胶原蛋白粉或者植物蛋白粉。
- 1 汤匙蜂蜜或者少许甜菊糖（可选）。

在搅拌机中将所有食材混合，然后搅拌至顺滑。

焕活面膜

每周至少尝试用一次富含益生菌和椰子油的面膜。正如我在第 10 章中建议的，每周可以拿出一晚上时间使用益生菌面膜，然后另一晚使用含有椰子油的面膜。虽然不同的面膜对不同的皮肤有不同的功效，但是多尝试不同的面膜总是没有坏处的，你可以在这个过程中找到自己喜欢的或者效果最好的一两种面膜。有时候医生还会建议你去试验一番。在这一过程中，你会找到最适合你的面膜，帮助你的皮肤更好地焕发光泽，保持水分。

含有姜黄和蜂蜜的益生菌面膜
——可缓解四大皮肤病所造成的皮肤暗沉

注意，如果姜黄和其他成分的混合比例不合适，或者在皮肤上的停留时间过长，都会导致皮肤出现轻微颜色残留。

- 1 茶匙有机姜黄粉。
- 1 茶匙有机天然蜂蜜。

- 1 汤匙有机原味无糖开菲尔。

在小碗中把所有材料混合。将混合物抹在清洁后的皮肤上，静置 8 ～ 10 分钟，然后用温水和软毛巾洗净。将水轻轻拍干，然后像往常一样做好保湿护理。

含有荷荷巴油和蜂蜜的益生菌面膜
——可治疗痤疮、银屑病和晒伤

- 1 茶匙荷荷巴油。
- 1 茶匙有机天然蜂蜜。
- 2 ～ 3 粒益生菌。

将荷荷巴油和天然蜂蜜在一个小碗中混合。将益生菌胶囊打开倒入碗中充分混合。将混合物抹在清洁后的皮肤上，静置 15 ～ 20 分钟，然后用温水和软毛巾洗净。将水轻轻拍干，然后用野玫瑰果籽油等有平衡皮肤功效的护肤油完成保湿护理。

可去除角质的益生菌面膜

咖啡渣中的咖啡因有助于缓解皮肤水肿或浮肿。酸奶除了含有益生菌功效外，还可以起到舒缓和润肤的作用。椰子油可以增加皮肤水分。如果不加椰子油，那么就记得在敷完面膜后涂一层保湿霜。

- 3 汤匙原味希腊酸奶。
- 2 汤匙细磨咖啡。
- 1 汤匙椰子油（可选）。

将酸奶、咖啡和椰子油倒入一个碗中混合，如果可以，你也可以用叉子搅拌，直到呈糊状。用轻柔的打圈手法将它涂抹到清洁后的皮肤上，静置 20 分钟，然后用温水和软毛巾洗净。将水轻轻拍干。

绿茶蜂蜜面膜——可缓解皮肤红肿

面膜中的绿茶成分具有舒缓、祛除杂质、消炎的功效。蜂蜜有抗菌和舒缓的作用，而椰子油可以补充皮肤水分。

- 2 个绿茶茶包。
- 适量温水。
- 3 汤匙蜂蜜。
- 1 汤匙椰子油（可选）。

将茶包中的茶叶末倒入小碗中。加入几滴水，用叉子搅拌而使茶叶湿润。然后加入蜂蜜和椰子油，再用叉子进行搅拌。将面膜涂抹到清洁后的皮肤上，静置 15 ~ 20 分钟，然后用温水和软毛巾洗净，将水轻轻拍干。

燕麦椰子面膜——敏感皮肤适用

这款面膜适合皮肤敏感、无法使用磨砂膏或者其他去角质配方的人使用，如那些患有湿疹、痤疮或者玫瑰痤疮的人。燕麦片可以温和地去除表皮死细胞，露出下层有光泽的皮肤，椰子油融化后黏稠度最好。

- 1 汤匙椰子油。
- 3 汤匙燕麦片。
- 适量温水。

将椰子油在微波炉或炉子上融化，先放在一边。把燕麦片放在一个小碗里，慢慢地倒入足够的温水，搅拌至糊状，然后加入椰子油拌匀。将面膜敷在清洁后的皮肤上，然后以打圈的方式轻轻揉搓去角质。敷 15 分钟，用凉水洗净并将水拍干，然后像往常一样做好保湿护理。

椰子油牛油果面膜——对抗皮肤干燥

- 1/4 个成熟牛油果去皮、去核。
- 1/2 茶匙肉豆蔻粉。
- 1 汤匙椰子油。

先将牛油果放入小碗中用叉子捣碎，加入肉豆蔻粉和椰子油混合成糊状。将混合物涂抹在清洁的皮肤上，静置 10 ~ 15 分钟。用凉水洗净并将水拍干，然后像往常一样做好保湿护理。

参考文献

引　言

1. W. P. Bowe, S. S. Joshi, and A. R. Shalita, "Diet and Acne," *Journal of the American Academy of Dermatology* 63, no. 1 (July 2010): 124–41.

2. J. L. St. Sauver, et al., "Why Patients Visit Their Doctors: Assessing the Most Prevalent Conditions in a Defined American Population," *Mayo Clinic Proceedings* 88, no. 1 (January 2013): 56–67.

3. See the statistics on the American Academy of Dermatology website.

4. J. G. Muzic, et al., "Incidence and Trends of Basal Cell Carcinoma and Cutaneous Squamous Cell Carcinoma: A Population-Based Study in Olmsted County, Minnesota, 2000 to 2010," *Mayo Clinic Proceedings* 92, no. 6 (June 2017): 890–98.

5. The exact percentage of antibiotics prescriptions written by dermatologists is difficult to assess. This figure is based on unpublished pharma- ceuticals industry monitoring data. For more, see John Jesitus's article "Dermatologists Contribute to Overuse of Antibiotics" for the Derma- tology Times (October 1, 2013).

第 1 章

1. For updated statistics and facts about skin conditions, go to the American Academy of Dermatology's "Stats and Facts" resource page.

2. C. Pontes Tde, et al., "Incidence of Acne Vulgaris in Young Adult Users of Protein-Calorie Supplements in the City of João Pessoa, PB," *Anais brasileiros de ginecologia* 88, no. 6 (November–December 2013): 907–12; C. L. LaRosa, et al., "Consumption of Dairy in Teenagers with and without Acne," *Journal of the American Academy of Dermatology* 75, no. 2 (August 2016): 318–22.

3. M. G. Dominguez-Bello, et al., "Partial Restoration of the Microbiota of Cesarean-Born Infants via Vaginal Microbial Transfer," *Nature Medicine* 22, no. 3 (March 2016): 250–53; M. J. Blaser and M. G. Dominguez-Bello, "The Human Microbiome before Birth," *Cell Host Microbe* 20, no. 5 (2016): 558–60.

4. T. C. Bosch and M. J. McFall-Ngai, "Metaorganisms as the New Frontier," *Zoology* (Jena) 114, no. 4 (September 2011): 185–90.

5. H. E. Blum, "The Human Microbiome," *Advances in Medical Science* 62, no. 2 (July 2017): 414–20; A. B. Shreiner, J. Y. Kao, and V. B. Young, "The Gut Microbiome in Health and in Disease," *Current Opinion in Gastroenterology* 31, no. 1 (January 2015): 69–75.

6. M. Levy, et al., "Dysbiosis and the Immune System," *Nature Reviews: Immunology* 17, no. 4 (April 2017): 219–32; M. M. Kober and W. P. Bowe, "The Effect of Probiotics on Immune Regulation, Acne, and Photoaging," *International Journal of Women's Dermatology* 2, no. 1 (April 2015): 85–89.

7. A. K. DeGruttola, et al., "Current Understanding of Dysbiosis in Dis- ease in Human and Animal Models," *Inflammatory Bowel Diseases* 22, no. 5 (May 2016): 1137–50.

8. J. I. Gordon, et al., "Gut Microbiota from Twins Discordant for Obesity Modulate Metabolism in Mice," *Science* 341, no. 6150 (September 2013): 1079; J. I. Gordon, "Honor Thy Gut Symbionts Redux," *Science* 336, no. 6086 (2012): 1251–1253; J. Xu and J. I. Gordon, "Honor Thy Symbionts," *Proceedings of the National Academy of Sciences of the United States of America* 100, no. 18 (2003): 10452–10459; P. J. Turnbaugh, et al., "The Human Microbiome Project," *Nature* 449, no. 7164 (2007): 804–10; P. J. Turnbaugh, et al., "An Obesity-Associated Gut Microbiome with Increased Capacity for Energy Harvest," *Nature* 444, no. 7122 (2006): 1027–31.

9. P. C. Arck et al., "Neuroimmunology of Stress: Skin Takes Center Stage," Journal of Investigative Dermatology 126, no. 8 (August 2006): 1697–1704; A. T. Slominski, et al., "Key Role of CRF in the Skin Stress Response System," *Endocrine Reviews* 34, no. 6 (December 2013): 827–84.

10. C. L. Ventola, "The Antibiotic Resistance Crisis: Part 1: Causes and Threats," *Pharmacy & Therapeutics* 40, no. 4 (April 2015): 277–83; C. L. Ventola, "The Antibiotic Resistance Crisis: Part 2: Management Strategies and New Agents," *Pharmacy & Therapeutics* 40, no. 5 (May 2015): 344–52.

11. W. P. Bowe and A. C. Logan, "Acne Vulgaris, Probiotics, and the Gut-Brain-Skin Axis — Back to the Future?" *Gut Pathogens* 3, no. 1 (January 2011): 1; D. Sharma, M. M. Kober, and W. P. Bowe, "Anti-Aging Effects of Probiotics," *Journal of Drugs in Dermatology* 15, no. 1 (January 2016): 9–12.

12. S. Vandersee, et al., "Blue-Violet Light Irradiation Dose Dependently Decreases Carotenoids in Human Skin, Which Indicates the Generation of Free Radicals," *Oxidative Medicine and Cell Longevity* (2015): 579675.

13. P. Tullis, "The Man Who Can Map the Chemicals All Over Your Body," *Nature* 534, no. 7606 (June 2016).

第 2 章

1. A. Slominski, "A Nervous Breakdown in the Skin: Stress and the Epidermal Barrier," *Journal of Clinical Investigation* 117, no. 11 (November 2007): 3166–69; H. J. Hunter, S. E. Momen, and C. E. Kleyn, "The Impact of Psychosocial Stress on Healthy Skin," *Clinical and Experimental Dermatology* 40, no. 5 (July 2015) 540–46; M. Altemus, et al., "Stress- Induced Changes in Skin Barrier Function in Healthy Women," *Journal of Investigative Dermatology* 117, no. 2 (August 2001): 309–17.

2. W. P. Bowe and A. C. Logan, "Acne Vulgaris, Probiotics, and the Gut-Brain-Skin Axis — Back to the Future?" *Gut Pathogens* 3, no. 1 (January 2011): 1; D. Sharma, M. M. Kober, and W. P. Bowe, "Anti-Aging Effects of Probiotics," *Journal of Drugs in Dermatology* 15, no. 1 (January 2016): 9–12; W. Bowe, N. B. Patel, and A. C. Logan, "Acne Vulgaris, Probiotics, and the Gut-Brain-Skin Axis: From Anecdote to Translational Medicine," *Beneficial Microbes* 5, no. 2 (June 2014): 185–99.

3. J. H. Stokes and D. M. Pillsbury, "The Effect on the Skin of Emotional

and Nervous States: Theoretical and Practical Consideration of a Gastro-Intestinal Mechanism," *Archives of Dermatology and Syphilology* 22, no. 6 (1930): 962–93.

4. For a review of the field of psychodermatology, see G. E. Brown, et al., "Psychodermatology," *Advances in Psychosomatic Medicine* 34 (2015): 123–34.

5. "Stress and the Senstitive Gut," *Harvard Mental Health Letter*, August 2010, Harvard Health Publishing.

6. P. Hemarajata and J. Versalovic, "Effects of Probiotics on Gut Microbiota: Mechanisms of Intestinal Immunomodulation and Neuromodulation," *Therapeutic Advances in Gastroenterology* 6, no. 1 (January 2013): 39–51; C. H. Choi and S. K. Chang, "Alteration of Gut Microbiota and Efficacy of Probiotics in Functional Constipation," *Journal of Neurogastroenterology and Motility* 21, no. 1 (January 2015): 4–7; J. L. Sonnenburg and M. A. Fischbach, "Community Health Care: Therapeutic Opportunities in the Human Microbiome," *Science Translational Medicine* 3, no. 78 (April 2011).

7. R. Katta and S. P. Desai, "Diet and Dermatology: The Role of Dietary Intervention in Skin Disease," *Journal of Clinical and Aesthetic Dermatol- ogy* 7, no. 7 (July 2014): 46–51; R. Noordam, et al., "High Serum Glucose Levels Are Associated with a Higher Perceived Age," *Age* (Dordrecht) 35, no. 1 (February 2013): 189–95.

8. H. Zhang, et al., "Risk Factors for Sebaceous Gland Diseases and Their Relationship to Gastrointestinal Dysfunction in Han Adolescents," *Journal of Dermatology* 35, no. 9 (September 2008): 555–61.

9. J. Suez, et al., "Artificial Sweeteners Induce Glucose Intolerance by Altering the Gut Microbiota," *Nature* 514, no. 7521 (October 2014): 181–86; G. Fagherazzi, et al., "Consumption of Artificially and Sugar-Sweetened Beverages and Incident of Type 2 Diabetes in the Etude Epidemiologique Aupres des Femmes de la Mutuelle Generale de l'Education Nationale– European Prospective Investigation into Cancer and Nutrition Cohort," *American Journal of Clinical Nutrition* 97, no. 3 (2013): 517–23.

10. B. Chassaing, et al., "Dietary Emulsifiers Impact the Mouse Gut Microbiota Promoting Colitis and Metabolic Syndrome," *Nature* 519, no. 7541 (March 2015): 92–96; S. Reardon, "Food Preservatives Linked to Obesity and Gut Disease," Nature.com, February 25, 2015.

第 3 章

1. Hans Selye, "A Syndrome Produced by Diverse Nocuous Agents," *Nature* 138 (July 1936): 32; S. Szabo, Y. Tache, and A. Somogyi, "The Legacy of Hans Selye and the Origins of Stress Research: A Retrospec-tive 75 Years after His Landmark Brief 'Letter' to the Editor of Nature," *Stress* 15, no. 5 (September 2012): 472–78; S. Szabo, et al., " 'Stress' Is 80 Years Old: From Hans Selye Original Paper in 1936 to Recent Advances in GI Ulceration," *Current Pharmaceutical Design* (June 2017).

2. "Walter Bradford Cannon (1871–1945), Harvard Physiologist," *Journal of the American Medical Association* 203, no. 12 (1968): 1063–65.

3. B. S. McEwen and E. Stellar, "Stress and the Individual: Mechanisms Leading to Disease," *Archives of Internal Medicine* 153, no. 18 (September 1993): 2093–2101.

4. S. Cohen, et al., "Chronic Stress, Glucocorticoid Receptor Resistance, Inflammation, and Disease Risk," *Proceedings of the National Academy of Sciences* 109, no. 16 (April 2012): 5995–99.

5. W. P. Bowe and A. C. Logan, "Acne Vulgaris, Probiotics, and the Gut-Brain-Skin Axis — Back to the Future?" *Gut Pathogens* 3, no. 1 (January 2011): 1.

6. R. L. O'Sullivan, G. Lipper, and E. A. Lerner, "The Neuro-Immuno-Cutaneous-Endocrine Network: Relationship of Mind and Skin," *Archives of Dermatology* 134, no. 11 (1998): 1431–35.

7. J. M. F. Hall, et al. "Psychological Stress and the Cutaneous Immune Response: Roles of the HPA Axis and the Sympathetic Nervous System in Atopic Dermatitis and Psoriasis," *Dermatology Research and Practice* 2012 (2012): 403908.

第 4 章

1. The figure was estimated by Allied Market Research and published in a report.

2. E. Shklovskaya, et al., "Langerhans Cells Are Precommitted to Immune Tolerance Induction," *Proceedings of the National Academy of Sciences* 108, no. 44 (November 2011): 18049–54.

3. E. A. Grice and J. A. Segre, "The Skin Microbiome," Nature Reviews: Microbiology 9, no. 4 (April 2011): 244–53; M. Brandwein, D. Steinberg, and S. Meshner, "Microbial Biofilms and the Human Skin Microbiome," *NPJ Biofilms and Microbiomes* 2 (November 2016): 3.

4. T. Nakatsuji, et al., "The Microbiome Extends to Subepidermal Compartments of Normal Skin," *Nature Communications* 4 (2013): 1431.

5. P. L. Zeeuwen et al., "Microbiome Dynamics of Human Epidermis Following Skin Barrier Disruption," *Genome Biol* 13, no. 11 (November 2012): R101.

6. E. Barnard, et al., "The Balance of Metagenomic Elements Shapes the Skin Microbiome in Acne and Health," *Scientific Reports* (2016).

7. "An Unbalanced Microbiome on the Face May Be Key to Acne Development," *Medical Xpress*, April 6, 2017.

8. Y. Belkaid and S. Tamoutounour, "The Influence of Skin Microorganisms on Cutaneous Immunity," *Nature Reviews: Immunology* 16, no. 6 (May 2016): 353–66; A. Azvolinsky, "Birth of the Skin Micro- biome," The Scientist, November 17, 2015; T. C. Scharschmidt, et al., "A Wave of Regulatory T Cells into Neonatal Skin Mediates Tolerance to Commensal Microbes," *Immunity* 43, no. 5 (2015): 1011–21; H. J. Wu and E. Wu, "The Role of Gut Microbiota in Immune Homeostasis and Autoimmunity," *Gut Microbes* 3, no. 1 (January–February 2012): 4–14.

9. D. P. Strachan, "Hay Fever, Hygiene, and Household Size," *British Medical Journal 299*, no. 6710 (November 1989): 1259–60.

10. M. M. Stein, et al., "Innate Immunity and Asthma Risk in Amish and Hutterite Farm Children," *New England Journal of Medicine* 375, no. 5 (August 2016): 411–21.

11. Food and Drug Administration, "5 Things to Know About Triclosan" (April 8, 2010).

第 5 章

1. Review on Antimicrobial Resistance, Antimicrobial Resistance: Tackling a Crisis for the Health and Wealth of Nations (December 2014).

2. M. G. Dominguez-Bello, et al., "Delivery Mode Shapes the Acquisition and Structure of the Initial Microbiota Across Multiple Body Habitats in

Newborns," *Proceedings of the National Academy of Sciences* 107, no. 26 (June 2010): 11971–75; for a list of Dr. Dominguez-Bello's publica- tions.

3. I. Cho, et al., "Antibiotics in Early Life Alter the Murine Colonic Microbiome and Adiposity," *Nature* 488, no. 7413 (August 2012): 621–26.

4. L. M. Cox, et al., "Altering the Intestinal Microbiota During a Critical Developmental Window Has Lasting Metabolic Consequences," *Cell* 158, no. 4 (August 2014): 705–21.

5. M. M. Kober and W. P. Bowe, "The Effect of Probiotics on Immune Regulation, Acne, and Photoaging," *International Journal of Women's Dermatology* 2, no. 1 (April 2015): 85–89.

6. Because the volume of citations and studies covering the science of probiotics and skin health is too extensive to cover here, please refer to my 2015 paper (see note 5 above), which includes more than sixty references.

7. J. Benyacoub, et al., "Immune Modulation Property of Lactobacillus paracasei NCC2461 (ST11) Strain and Impact on Skin Defenses," *Beneficial Microbes* 5 (2014): 129–36.

8. B. S. Kang, et al., "Antimicrobial Activity of Enterocins from Enterococcus faecalis SL-5 Against Propionibacterium acnes, the Causative Agent in Acne Vulgaris, and Its Therapeutic Effect," *Journal of Microbiology* 41 (2009): 101–9.

9. N. Muizzuddin, et al., "Physiologic Effect of a Probiotic on the Skin," *Journal of Cosmetic Science* 63, no. 6 (2012): 385–95.

10. W. P. Bowe, et al., "Inhibition of Propionibacterium acnes by Bacteriocin-Like Inhibitory Substances (BLIS) Produced by Streptococcus salivarius," *Journal of Drugs in Dermatology* 5, no. 9 (2006): 868–70.

11. J. R. Tagg, "Streptococcal Bacteriocin-Like Inhibitory Substances: Some Personal Insights into the Bacteriocin-Like Activities Produced by Streptococci Good and Bad," *Probiotics and Antimicrobial Proteins* 1, no. 1 (June 2009): 60–66.

12. W. P. Bowe, et al., "Inhibition of Propionibacterium acnes by Bacteriocin-Like Inhibitory Substances (BLIS) Produced by Streptococcus salivarius," *Journal of Drugs in Dermatology* 5, no. 9 (2006): 868–70.

13. R. Gallo, et al., "Antimicrobials from Human Skin Commensal Bacteria Protect Against Staphylococcus aureus and Are Deficient in Atopic Dermatitis," *Science Translational Medicine* 9, no. 378 (February 2017).

14. A. Zipperer, et al., "Human Commensals Producing a Novel Antibiotic Impair Pathogen Colonization," *Nature* 535, no. 7613 (July 2016): 511–16.

15. K. Benson, et al., "Probiotic Metabolites from Bacillus coagulans GanedenBC30 Support Maturation of Antigen-Presenting Cells in Vitro," *World Journal of Gastroenterology* 18, no. 16 (2012): 1875–83; G. Jensen, et al., "Ganeden BC30 Cell Wall and Metabolites: Anti- Inflammatory and Immune Modulating Effects in Vitro," *BMC Immunology* 11 (2010): 15.

16. M. Bruno-Barcena, et al., "Expression of a Heterologous Manganese Superoxide Dismutase Gene in Intestinal Lactobacilli Provides Protection Against Hydrogen Peroxide Toxicity," *Applied and Environmental Microbiology* 70, no. 8 (2004): 4702–10.

17. L. Di Marzio, et al., "Effect of the Lactic Acid Bacterium Streptococcus thermophilus on Ceramide Levels in Human Keratinocyte in Vitro and Stratum Corneum in Vivo," *Journal of Investigative Dermatology* 133 (1999): 98–106.

18. M. C. Peral, M. A. Martinez, and J. C. Valdez, "Bacteriotherapy with Lactobacillus plantarum in Burns," *International Wound Journal* 6, no. 1 (February 2009): 73–81.

19. S. Gordon, "Elie Metchnikoff: Father of Natural Immunity," *European Journal of Immunology* 38 (2008): 3257–64.

20. A. C. Ouwehand, S. Salminen, and E. Isolauri, "Probiotics: An Overview of Beneficial Effect," *Antonie Van Leeuwenhoek* 82 (2002): 279–89.

21. I. A. Rather, et al., "Probiotics and Atopic Dermatitis: An Overview," *Frontiers of Microbiology* 7 (April 2016): 507.

22. A. Gueniche, et al., "Lactobacillus paracasei CNCM I-2166 (ST11) Inhibits Substance P–Induced Skin Inflammation and Accelerates Skin Barrier Function Recovery in Vitro," *European Journal of Dermatology* 20, no. 6 (2010): 731–37; A. Gueniche, et al., "Randomised Double-Blind Placebo-Controlled Study of the Effect of Lactobacillus paracasei NCC 2461 on Skin Reactivity," *Beneficial Microbes* 5 (2014): 137–45.

23. I. A. Rather, et al., "Probiotics and Atopic Dermatitis: An Overview," *Frontiers of Microbiology* 7 (April 2016): 507; R. Frei, M. Akdis, and L. O'Mahony, "Prebiotics, Probiotics, Synbiotics, and the Immune System: Experimental Data and Clinical Evidence," *Current Opinion in Gastroenterology* 31, no. 2 (March 2015): 153–58.

24. H. M. Kim, et al., "Oral Administration of Lactobacillus plantarum HY7714 Protects Against Ultraviolet B–Induced Photoaging in Hairless Mice," *Journal of Microbiology and Biotechnology* 24 (2014): 1583–91.

25. C. Bouilly-Gauthier, et al. "Clinical Evidence of Benefits of a Dietary Supplement Containing Probiotic and Carotenoids on Ultraviolet- Induced Skin Damage," *British Journal of Dermatology* 163 (2010): 536–43.

26. Y. Ishii, et al., "Oral Administration of Bifidobacterium breve Attenuates UV-Induced Barrier Perturbation and Oxidative Stress in Hairless Mice Skin," *Archives of Dermatological Research* 305, no. 5 (2014): 467–73.

27. S. Sugimoto, et al. "Photoprotective Effects of Bifidobacterium breve Supplementation Against Skin Damage Induced by Ultraviolet Irradiation in Hairless Mice," *Photodermatology, Photoimmunology, and Photo- medicine* 28 (2012): 312–19.

28. F. Marchetti, R. Capizzi, and A. Tulli, "Efficacy of Regulators of Intestinal Bacterial Flora in the Therapy of Acne Vulgaris," *La Clinica Terapeutica* 122 (1987): 339–43; L. A. Volkova, I. L. Khalif, and I. N. Kabanova, "Impact of Impaired Intestinal Microflora on the Course of Acne Vulgaris," *Kliniches- kaia Meditsina* (2001): 7939–41; J. Kim, et al., "Dietary Effect of Lactoferrin- Enriched Fermented Milk on Skin Surface Lipid and Clinical Improvement in Acne Vulgaris," *Nutrition* 26 (2010): 902–9.

29. G. W. Jung, et al., "Prospective Randomized Open-Label Trial Comparing the Safety, Efficacy, and Tolerability of an Acne Treatment Reg- imen with and without a Probiotic Supplement in Subjects with Mild to Moderate Acne," *Journal of Cutaneous Medicine and Surgery* 17, no. 2 (2013): 114–22.

30. G. Jensen, et al., "Ganeden BC30 Cell Wall and Metabolites: Anti-Inflammatory and Immune Modulating Effects in Vitro," *BMC Immunology* 11 (2010): 15.

31. O. H. Mills, et al., "Addressing Free Radical Oxidation in Acne Vulgaris," *Journal of Clinical and Aesthetic Dermatology* 9, no. 1 (January 2016): 25–30.

第 6 章

1. A. Pappas, A. Liakou, and C. C. Zouboulis, "Nutrition and Skin," *Reviews in Endocrine and Metabolic Disorders* 17, no. 3 (September 2016): 443–48.

2. R. Katta and S. P. Desai, "Diet and Dermatology: The Role of Dietary Intervention in Skin Disease," *Journal of Clinical and Aesthetic Dermatology* 7, no. 7 (July 2014): 46–51.

3. L. A. David, et al., "Diet Rapidly and Reproducibly Alters the Human Gut Microbiome," *Nature* 505, no. 7484 (January 2014): 559–63.

4. A. Manzel, et al., "Role of 'Western Diet' in Inflammatory Autoimmune Diseases," *Current Allergy and Asthma Reports* 14, no. 1 (January 2014): 404.

5. R. Katta and S. P. Desai, "Diet and Dermatology: The Role of Dietary Intervention in Skin Disease," *Journal of Clinical and Aesthetic Dermatology* 7, no. 7 (July 2014): 46–51.

6. W. P. Bowe, S. S. Joshi, and A. R. Shalita, "Diet and Acne," *Journal of the American Academy of Dermatology* 63, no. 1 (July 2010): 124–41.

7. S. N. Mahmood and W. P. Bowe, "Diet and Acne Update: Carbohydrates Emerge as the Main Culprit," *Journal of Drugs in Dermatology* 13, no. 4 (April 2014): 428–35.

8. D. Zeevi, et al., "Personalized Nutrition by Prediction of Glycemic Responses," *Cell* 163, no. 5 (2015): 1079–94.

9. United States Department of Agriculture Economic Research Service, "Food Availability and Consumption," 2016.

10. Dr. Robert Lustig, of the University of California at San Francisco, has been sounding the alarm about sugars, particularly processed fructose, for many years now, as detailed in numerous scientific publications and in his book *Fat Chance: Beating the Odds Against Sugar, Processed Food, Obesity, and Disease* (New York: Hudson Street Press, 2012).

11. Q. Zhang, et al., "A Perspective on the Maillard Reaction and the Analysis of Protein Glycation by Mass Spectrometry: Probing the Pathogenesis of Chronic Disease," *Journal of Proteome Research* 8 (2009): 754–69.

12. J. Uribarri, et al., "Diet-Derived Advanced Glycation End Products Are Major Contributors to the Body's AGE Pool and Induce Inflammation in Healthy Subjects," *Annals of the New York Academy of Sciences* 1043 (2005): 461–66; M. Negrean, et al., "Effects of Low- and High-Advanced Glycation Endproduct Meals on Macro- and Microvascular Endothelial Function and Oxidative Stress in Patients with Type 2 Diabetes Mellitus," *American Journal of Clinical Nutrition* 85 (2007): 1236–43.

13. E. Baye, et al., "Effect of Dietary Advanced Glycation End Products on Inflammation and Cardiovascular Risks in Healthy Overweight Adults: A Randomised Crossover Trial," *Scientific Reports* 7, no. 1 (June 2017): 4123.

14. T. Goldberg, et al., "Advanced Glycoxidation End Products in Commonly Consumed Foods," *Journal of the American Dietetic Association* 104 (2004): 1287–91; J. Uribarri, et al., "Advanced Glycation End Products in Foods and a Practical Guide to Their Reduction in the Diet," *Journal of the American Dietetic Association* 110 (2010): 911–16.

15. M. Yaar and B. A. Gilchrest, "Photoageing: Mechanism, Prevention and Therapy," *British Journal of Dermatology* 157, no. 5 (2007): 874–87.

16. A. Vojdani, "A Potential Link between Environmental Triggers and Autoimmunity," *Autoimmune Diseases* 2014 (2014): 437231.

17. C. Pontes Tde, et al., "Incidence of Acne Vulgaris in Young Adult Users of Protein-Calorie Supplements in the City of João Pessoa, PB," *Anais brasileiros de ginecologia* 88, no. 6 (November–December 2013): 907–12; C. L. LaRosa, et al., "Consumption of Dairy in Teenagers with and without Acne," *Journal of the*

American Academy of Dermatology 75, no. 2 (August 2016): 318–22.

18. R. Katta and D. N. Brown, "Diet and Skin Cancer: The Potential Role of Dietary Antioxidants in Nonmelanoma Skin Cancer Prevention," *Journal of Skin Cancer* (2015).

19. M. Furue, et al., "Antioxidants for Healthy Skin: The Emerging Role of Aryl Hydrocarbon Receptors and Nuclear Factor-Erythroid 2- Related Factor-2," *Nutrients* 9, no. 3 (March 2017); S. K. Schagen, et al., "Discovering the Link between Nutrition and Skin Aging," *Dermato- Endocrinology* 4, no. 3 (July 2012): 298–307.

20. K. Wertz, et al., "Beta-Carotene Inhibits UVA-Induced Matrix Metalloprotease 1 and 10 Expression in Keratinocytes by a Singlet Oxygen-Dependent Mechanism," *Free Radical Biology and Medicine* 37, no. 5 (September 2004): 654–70.

21. O. H. Mills, et al., "Addressing Free Radical Oxidation in Acne Vulgaris," *Journal of Clinical and Aesthetic Dermatology* 9, no. 1 (January 2016): 25–30.

22. For a great overview of fatty acids and skin health, go to the Micronutrient Information Center at Oregon State University's Linus Pauling Institute and read "Essential Fatty Acids and Skin Health".

23. G. M. Balbás, M. S. Regaña, and P. U. Millet, "Study on the Use of Omega-3 Fatty Acids as a Therapeutic Supplement in Treatment of Psoriasis," *Clinical, Cosmetic, and Investigational Dermatology* 4 (2011): 73–77.

第 7 章

1. A. Safdar, et al., "Endurance Exercise Rescues Progeroid Aging and Induces Systemic Mitochondrial Rejuvenation in MTDNA Mutator Mice," *Proceedings of the National Academy of Sciences* 108, no. 10 (March 2011): 4135–40.

2. J. D. Crane, et al., "Exercise-Stimulated Interleukin-15 Is Controlled by AMPK and Regulates Skin Metabolism and Aging," *Aging Cell* 14, no. 4 (August 2015): 625–34.

3. The volume of literature on the benefits of exercise could fill a library. You can easily check out a multitude of studies online just by googling "benefits of exercise" or going to the websites of organizations such as the Mayo Clinic and Harvard Health Publish- ing.

4. N. Owen, et al., "Too Much Sitting: The Population Health Science of Sedentary Behavior," *Exercise and Sport Sciences Reviews* 38, no. 3 (July 2010): 105–13.

5. For more about the relaxation response, including one of Dr. Benson's step-by-step guides to triggering it. You can also visit the Benson-Henry Institute.

6. S. W. Lazar, et al., "Meditation Experience Is Associated with Increased Cortical Thickness," *Neuroreport* 16, no. 17 (November 28, 2005): 1893–97.

7. I. Buric, et al., "What Is the Molecular Signature of Mind-Body Interventions? A Systematic Review of Gene Expression Changes Induced by Meditation and Related Practices," *Frontiers in Immunology* 8 (June 2017): 670.

8. For a full list of useful references and resources on the power of sleep, visit the *National Sleep Foundation*.

9. K. Spiegel, et al., "Brief Communication: Sleep Curtailment in Healthy Young Men Is Associated with Decreased Leptin Levels, Elevated Ghrelin Levels, and Increased Hunger and Appetite," *Annals of Internal Medicine* 141, no. 11 (December 7, 2004): 846–50.

10. C. A. Thaiss, et al., “Microbiota Diurnal Rhythmicity Programs Host Transcriptome Oscillations,” *Cell* (December 2016).

11. M. R. Irwin, et al., “Sleep Loss Activates Cellular Inflammatory Signaling,” *Biological Psychiatry* 64, no. 6 (September 2008): 538–40.

12. A. M. Chang, et al., “Evening Use of Light-Emitting Ereaders Negatively Affects Sleep, Circadian Timing, and Next-Morning Alertness,” *Proceedings of the National Academy of Sciences* 112, no. 4 (January 2015): 1232–37.

13. S. Panda, et al., “Time-Restricted Feeding Is a Preventative and Therapeutic Intervention Against Diverse Nutritional Challenges,” *Cell Metabolism* 20, no. 6 (2014): 991–1005; S. Panda, et al., “Diet and Feeding Pattern Affect the Diurnal Dynamics of the Gut Microbiome,” *Cell Metabolism* 20, no. 6 (2014): 1006–17.

第 8 章

1. M. Randhawa, et al., “Daily Use of a Facial Broad-Spectrum Sun- screen Over One Year Significantly Improves Clinical Evaluation of Photoaging,” *Dermatologic Surgery* 42, no. 12 (December 2016): 1354–61.

2. M. C. Aust, et al., “Percutaneous Collagen Induction-Regeneration in Place of Cicatrisation?” *Journal of Plastic, Reconstructive, and Aesthetic Surgery* 64, no. 1 (January 2011): 97–107. April 21, 2010.

3. For an online resource for checking medications and their potential side effects on skin.

第 9 章

1. S. K. Schagen, et al., “Discovering the Link between Nutrition and Skin Aging,” *Dermato-Endocrinology* 4, no. 3 (July 2012): 298–307; For an overview of vitamin E and its role in skin health, go to the Micronu- trient Information Center at Oregon State University’s Linus Pauling Institute and read “Vitamin E and Skin Health”.

2. For an overview of vitamin C and its role in skin health, go to the Micronutrient Information Center at Oregon State University’s Linus Pauling Institute and read “Vitamin C and Skin Health”.

3. J. F. Scott, et al., “Oral Vitamin D Rapidly Attenuates Inflammation from Sunburn: An Interventional Study,” *Journal of Investigative Dermatology* (May 2017).

致　谢

在这次研究和写作过程中，我受到了许多人的绝妙的想法和思想的启发与指导，也受到了大家的鼓励。我的老师、学生、朋友等帮助我的人简直不胜枚举，是他们改变了我的人生，让我的梦想能够成为现实。虽然我的致谢很简短，但是我对他们每一个人的感激都是一辈子的。

首先，我想先感谢我的患者们：你们教会了我许多在教科书上学不到的东西；你们每个人都一直在触动着我，并且激励我继续学习进步。

我还要感谢我的导师——大卫·马戈利斯博士和已故的艾伦·沙利塔博士：是你们一直支持我相信自己的直觉，探索不同理论，我就是在你们的鼓励下开始探索用自然、可持续的方法治疗皮肤病。本书可以说是对我们过去10多年工作的一个总结，我也很荣幸能与读者分享这些内容。

另外，我也要感谢利特尔 - 布朗出版社完美的工作团队，能够和出版界最聪明、最有能力的一些人共事我感到非常幸运。克里斯汀·洛伯格是一个绝对的文字艺术家，耗费许多时间和精力帮助我把最复杂的科学概念改写成有可读性的书稿，并且将健康知识传递给大家，我真的非常感激。另外，也要感谢我的文字经纪人邦妮·索洛：若没有你一直以来的陪伴，我想我也做不到这些；你用你清晰的想法和伟大的智慧帮助我建立了最初的写作理念，并且一步步地指导我们团队完成了整个出版过程，每一步都完全超出我的预期。特蕾西·比哈尔是第一个拿到本书的人：你的经验和直觉在整个创作过程中为团队的所有人都带来了许多快乐。感谢利特尔－布朗出版社的所有工作人员，包括莫斯康、帕梅拉·布朗、劳伦·贝拉斯克斯、贝琪·乌里格、伊恩·施特劳斯和埃罗拉·韦尔。我很高兴也很荣幸能与这样一群才华横溢的人一起工作。

当然，我还要感谢我的家人！乔希：感谢你一路以来对我坚定不移的热情支持，是你让我们的家充满了欢笑和爱；多兰：我亲爱的妹妹和搭档，感谢你在这一过程中对我的指导以及对我的爱与支持，若没有你，我也不会成为现在的我；最后，感谢您：我的妈妈，是您让我相信一切皆有可能。

我必须要再单独表达一下我对多兰的感谢：感谢你在我们合作的各个环节中做出的不懈努力。在这个世界上，我找不出第二个人可以让我那么爱与信任。在我的每一个决定中，她的意见都是非常重要的，也是她让我可以一直开心地享受过程的每一分钟。我很幸运能有这样一个搭档和妹妹，可以和我分享我的工作和个人生活中的梦想，并非常开放地包容和接受我的所有想法和热爱。而她的建议则可以说是为我们的合作锦上添花，丰富了我的思想以及我的灵魂。

感谢约书亚·福克斯医生和我优秀的皮肤科团队：是你们共同将我们的诊所打造成了一个大家庭，也要感谢你们允许我向我的患者们打开这个大家庭的门。我感觉自己在实现自我价值，因为我能够为我的患者提供最好的服务，给予他们我作为一名医生和皮肤护理倡导者能够付出的一切。

另外，我还要感谢我的父亲，也就是坚韧而富有同情心的弗兰克·鲍威博士。虽然父亲很早就离开了我们，但是正是因为他，我才踏上了这段人生旅程。作为一名充满激情的残疾人权利倡导者、思想领袖和创新者，他教会了我要超越可感知的局限，打破界限，真正看到残疾、混乱或疾病背后的那些鲜活的人。在他去世后很长一段时间里，他的思维模式和人生哲学一直在引导和激励着我，我非常自豪能追随他的脚步而成为一名研究者和作家。

最后，我还要感谢你们，我的读者。你们下定决心拿起了这本书，充实了自己，我相信，这些知识不仅会改善你的皮肤状态，还会帮助你提升你的整体健康水平，改变你的观点，甚至优化你的日常生活的许多重要方面。希望你也可以通过阅读这本书加入我们的健康旅程中！